总之岁月漫长，然而值得等待

朱成玉 ◎著

新世界出版社
NEW WORLD PRESS

图书在版编目（CIP）数据

总之岁月漫长，然而值得等待 / 朱成玉著 . -- 北京：新世界出版社，2021. 4
ISBN 978-7-5104-7255-8

Ⅰ . ①总… Ⅱ . ①朱… Ⅲ . ①成功心理—通俗读物
Ⅳ . ① B848.4-49

中国版本图书馆 CIP 数据核字（2021）第 042198 号

总之岁月漫长，然而值得等待

作　　者：朱成玉
责任编辑：丁　鼎
责任校对：宣　慧
责任印制：王宝根
出版发行：新世界出版社
社　　址：北京西城区百万庄大街 24 号（100037）
发 行 部：（010）6899 5968　（010）6899 8705（传真）
总 编 室：（010）6899 5424　（010）6899 6679（传真）
http://www.nwp.cn　http://www.nwp.com.cn
印　　刷：吉林省吉广国际广告股份有限公司
开　　本：787mm × 1092mm　1/16
字　　数：240 千字　　印　张：20.5
版　　次：2021 年 4 月第 1 版　2021 年 6 月第 2 次印刷
书　　号：ISBN 978-7-5104-7255-8
定　　价：58.00 元

前 言
PREFACE

为什么今夜的星星看上去比以往亮呢?

因为今晚的夜比以往都更黑。

因为星星刚洗完澡。

我是风，我把乌云吹散了，所以星星很亮。

生活就是让今天的星星比昨天更亮。

……

这是我在我的微信读者群里和读者互动时提出的问题以及读者的回答，一千个人有一千个哈姆雷特，一个问题也可以有成千上万种不同的回答。

有人问过我，你觉得时下的年轻人最容易遇到哪些问题？

我觉得焦虑是最普遍的一个问题。

现代社会人们的生活节奏越来越快，没有了以前那种慢节奏和舒适感。而且总感觉现代社会的人没有了以前的那种心平气和，身上多了一种浮躁的感觉，内心便多了一些焦虑。

之所以这么焦虑，首先是由于压力造成的。很多人无论是在工作还是生活中都有巨大的压力。在工作中事事不顺心，比如有小人作梗或是上司看自己不顺眼，生活中可能还不被家人理解，一回到家就吵架，这些都是导致焦虑的原因。遇到这些问题的时候，人的内心都是焦虑的，难以及时找到问题的解决方案。

其次，心境已经改变。以前的老一辈儿他们吃苦耐劳，即使面对困难也会平心静气地解决；但是现在的年轻人几乎没有吃过什么苦，一遇到问题就不知所措，甚至抱怨连连。

再次，是无人诉说。年轻人总感觉身边的朋友似乎很多，但当自己伤心难过时，却找不到一个真正可以倾诉的人。因为不想让别人看到自己的窘迫，也总觉得把自己的窘迫告诉别人，别人会笑话自己。

但是以前的人就不一样，他们的内心是特别淳朴的，从没有考虑这么多。感到伤心难过就跟邻居诉说，遇到难题也肯找朋友帮忙解决。

现代人因焦虑而产生的不良情绪越来越多，比如没耐心、易怒、心理脆弱等，时间久了人就很容易走到抑郁的边缘，这是很可怕的。

越来越多的人无法静下心来度过休息的时间，只能在不断找一些琐碎的事情和处理日常的杂事中度过，缺乏安全感，缺乏满足感，就像不断进食却无法满足，只能用牙齿不断撕咬着食物，仿佛这样做是把焦虑狠狠吞下肚，焦虑就会消失殆尽，实际上只会让焦虑在空虚之后更彻底地爆发。

你还记得上一次静下心来好好欣赏风景，完整阅读一本小说，或是完成一件手工制品，是什么时候吗?

有时候，我们真的需要坐下来好好想想。生活在世界上会遇到各种事情，要学会积累各种经验，在不断积累的过程之中，认真地挖掘、反思、探索、钻研生活。

针对于此，你们需要一种阳光般的引导。这本书就是为你们而写。

不要受困在他人或社会对你的期望之中，那不是我们所要的。不要妄自菲薄，每个人都有自己的长处和短处，每个人都是独一无二的个体。永远不要觉得自己笨，和那些高飞的鸟比起来，我们不过是慢飞了那么几秒钟而已，我们只是在等待更适合自己的那阵风吹来!

真的，不是我们没有飞翔，只是在等待那阵风。

每个人都有权选择自己的生活方式，我们要养成一种平和自由的心态，能够对自己不了解的东西给予宽容，能够对自己不赞同的观点给予理解，能够对自己不喜欢的事情给予尊重。

你可以不具备制造光亮的能力，但请务必保有一颗接纳光亮的心。

多听听音乐，多养养花草，多给自己创造一些唯美浪漫的氛围。这样其实就是一种修炼。告别低级趣味，远离垃圾人，让自身变得优雅……要懂得去滋养呵护你的灵魂，不要让它离生活太远，却也不能让它离世俗太近！

要做到自我剥离。白天审视世界，夜里宠爱内心。

心底的纯净和现实有时冲突，就会处在纠结中，内心会常常打架。现实是沙粒，纯净的心就犹如蚌肉，只有它们“相爱相杀”，才能磨砺出思想的珍珠。

世界没有恒定不变的美好，需要你不断地去包容。或者说，美好是善良的人亲手创造出来的。

心大了，格局大了，就会包容世界的不堪。

磨砺永远是痛的，但是无论是成为珍珠，还是化茧成蝶，又有哪一个美丽的蜕变不疼呢？

疼是补钙的良方，不论植物还是人生。

疼是推着我们前行的风，比如小人们给我们扔过来多少石头，我们就都把它们码在脚下，当成垫脚石。比如别人泼过来的冷水，我们就要努力让那水沸腾。

“此心安处是吾乡。”愿你们可以从这本书中寻找到属于你们的心灵故乡。

目 录
CONTENTS

你往前走，苦才会往后退 1

人生除了生死，其余都是擦伤 2

别为了不属于自己的观众，去演绎自己不擅长的人生 3

有意思比有意义更有意义 4

你看这个世界的角度，决定了这个世界给你的温度 7

在妙不可言的等待中，等待随便哪种未来 8

「你往前走，苦才会往后退」

1

优等的心不必华丽，但必须坚固

优人一等的心，是什么样子的？

我家门前有一个剧院，常常会有一些二人转的演出。那欢快的曲调儿常常在傍晚时分响起，整个上半夜的时光就都跟着颠跟着颤了。那里的门票分三个等级，最低也要 30 元一张。但这丝毫没有阻碍人们来看二人转的热情，剧院里常常是人满为患。

邻居张大爷是个二人转迷，一辈子就好这一口儿，可是家里的经济条件不好，根本没有闲钱让他去剧院里过瘾。这位爷自有他的高招，傍晚时分背着自家的藤椅，往剧院门口的大喇叭旁一放，美美地躺进去，摇着扇子，在暖暖的风里摇头晃脑地听起来，那叫一个美啊！

剧院的人精明得很，并没有驱逐他，因为他那无比享受的神情也算是给剧院做了免费的活广告。两相成全，相安无事，各得其所。

时间长了，张大爷便成了剧院的门前一景。那轻轻摇着的扇子，定是在他的心间扇出了最惬意的风。

这便是优人一等的心。

剧作家沙叶新曾经有过一个鲜为人知的笔名——“少十斤”，不细心的人不明就里，仔细看，原来是将自己的名字劈成两半。沙叶新自己开玩笑说:“将‘沙叶新’砍去一半，也不过‘少十斤’，可见沙叶新无足轻重，一共才二十斤。”

胃癌手术后，有记者采访他，他照例幽默不断:“因为癌症，我的胃被切除了四分之三，我也是‘无畏（胃）’的，你想听什么，随便问吧。”

这是一颗多么豁达而轻松的灵魂。把自己看得很轻，人才会松快。

沙叶新是出了名的“犟脾气”，向来都是不媚时、不曲学阿世，在任何环境下，都能做到不降志、不辱身、不赶时髦、不回避危险。有人评价沙叶新，说他是“不为权力写作的老戏骨”，他也确实是个秉承文人风骨的人，不做权力的吹鼓手，坚持自我思考、独立书写，绝不出卖灵魂。

这便是优人一等的心。

妻子喜欢捡垃圾，每次一家人出去吃饭回来，挺贵重的皮包里便都装着捡来的矿泉水瓶子。楼下谁家丢的衣物妻子也都捡回来，破烂的缝补了，脏的洗了，导致阳台上总是堆得满满的，像十足的垃圾场。我觉得丢人，更让我不能理解和讨厌的是，孩子竟然也学她捡垃圾。我觉得妻子带坏了孩子，让孩子变得小家子气，短了贵族气质，为此不止一次地和她争吵。

直到后来我才知道，妻子每次卖了旧物都会带孩子去看一个没钱读书的孩子，他是妻子和女儿一起在帮助的孤儿。我无比惭愧，妻子这样是带坏孩子吗？她这样，只会让孩子的心一点一点更靠近了阳光。

这便是优人一等的心。

毕淑敏说："优等的心不必华丽，但必须坚固。"

优人一等的心，不是你有多富贵，不是你有多霸气，而是比那些庸常，多了一份优雅；比那些浮躁，多了一份从容；比那些冷漠，多了一份慈悲。

真正高贵的灵魂，是自己尊敬自己

他是个不到 20 岁的年轻人，一个文学爱好者，带了厚厚的一大本他自己写的文章，赶了很远的路，就为了来拜访我，希望能够得到我的一些指点。

他和我说，他是攒了好几天才攒够了来看我的路费，路上都不敢吃什么东西，怕把回去的路费吃掉了。说到这儿，他羞怯地低下了头。

我为这个虔诚于文学的小伙子感动着，拿毛巾给他，他一边擦汗一边羡慕地说："你的工作可真好，多么宽敞漂亮的办公室啊！"

我说："好好写你的文章，你也会有这样的办公室的。"

我带他去食堂吃过饭后，他一再地掏出他口袋里的一些零钱，对我说："囊中羞涩，不好意思，第一次来什么也没给您带，您不会见怪吧？"

我见过富人炫富，却没见过穷人晒穷。

“怎么会呢？”我拍着他的肩膀，劝他不要想那么多。

我看了他写的那些文章，华丽有余而力量不足，但总体来说文字基础还是不错的。如果坚持下去，定会有不小的收获。我的褒奖显然增添了他的自信，他说他一定会加倍努力，一定要写出个名堂来。我给他留了电话号码，告诉他有什么事情可以随时来找我。他接过我的名片，手有些抖，满怀感激的样子。

天有些晚了，我不停地看着手表，暗示他应该走了，不然会赶不上回去的车。他大概也看出了我的担心，说没事，回去的车有的是，就是天黑了也有。然后，他就有些不好意思地说：“能不能再到你的食堂里吃顿饭啊？那样，在回去的路上我就可以不吃东西了。”

“当然可以啊。”我爽快地领他去食堂，让他吃了个饱。然后又替他打了满满的一盒饭，让他带着在路上吃。在办公室里，他看到地上堆了很多纸，向我索要，说“反正你这里这么多，我也可以用它们多练笔写东西”。我就找了个袋子，帮他装了些洁白的纸，心里却忽然有了一种说不清楚的感觉，令我的热情骤减。

他再一次表示感激，发誓一定要写出好作品。

临走的时候，他又一次掏出他的那些零钱（他回家的路费），不厌其烦地说最近手头拮据，什么都没给我带，让我不要怪他。我知道，他这是在暗示我替他买一张回程车票。

钱就在我的口袋里，但这次我没有掏出来。

他和我说，有一次在车站，他没钱买车票，就向别人开口要，没想到有一个好心人很慷慨地给了他 50 元呢。

他一再地暗示我，就差没有开口向我要钱了。可我依然装聋作哑无动于衷。

口袋里的钱被我握成了一个纸团。我知道，我不能把它交到他的手上，那样，它真的就成了一团废纸，没有尊严的废纸。

他用一种很奇怪的眼神看我，或许他觉得我是个吝啬的人，但我必须那样做，我只是不想让他养成一种过分依赖别人施舍的习惯。

对于一个羽翼未丰的年轻人来说，别人每施舍一次，就等于拔掉了他的一根羽毛。所以我不能施舍他，哪怕只是小恩小惠，也等于是在慢慢拆掉他的翅膀。

“我也有过贫困潦倒的时候，”我想有必要和他讲讲我自己的故事，“那一次也是在车站，自己口袋里的钱不够买车票。但我没有向别人讨要，而是去杂货店买了一管鞋油和一个鞋刷，在车站帮别人擦鞋，擦一双鞋一元钱，一共擦了 5 双鞋，可是还不够买全程的车票。我就买了短途的票，然后在车厢里继续给别人擦鞋，一站又一站，如此反复。就这样，我擦了一路的鞋，也买了一路的票，终于到了家。”

他低下了头，又一次羞红了脸。我感觉到了，这一次，是他灵魂里的羞愧。

有时候拒绝也是一种帮助，因为我不想拆掉你的翅膀。

在这之后的几年里，我们互相通信保持联系，我常常在信中鼓励他坚持下去。现在，他在当地已经小有名气，而且被当地文联破格录用，他也有了和我一样宽敞漂亮的办公室。他在给我的来信中真诚地表达了他的感激之情，他说：“我之所以能有今天，都是因为您的那一次‘拒绝’，拯救了一颗尊严即将跌落山谷的心。感谢您，让我拥有了一双自尊、自强、自立的翅膀。”

别人的给予并非理所当然

表姐家孩子个头超过了一米二，按理就该买票了，可是她为了省钱，总是让孩子偷偷往下蹲一点儿，这样逃过了很多次检票。

表姐沾沾自喜，可是久而久之，孩子总觉得自己矮人一头，头总是不自觉地低着。

从此，表姐的这个孩子变得自卑、自闭，学业无成，靠打零工为生，快 40 了连个对象都没有。

看似省了几次票钱，却让孩子起步的时候，就输掉了活着的气质。

周国平说："茫茫宇宙间，每个人都只有一次生命，都是一个独一无二、不可重复的存在。名声、财产、地位等是身外之物，人人可求而得之，但是没有人能够代替你再活一次。意识到了这一点，你就会明白，在如何活的问题上，你必须自己做主，盲从舆论和习俗是最大的不负责任。在人世间的一切责任中，最根本的责任是对你自己的人生负责，真正成为你自己，活出你独特的个性和价值来。”

有人问阿甘：“你以后想成为什么样的人？”

阿甘说：“什么意思？难道以后就不能成为我自己了吗？”

阿甘的回答，让多少人汗颜。

成为我自己，这多么壮美！

妻妹前几天和我提起一件事。

她们同学毕业20年聚会，大家谈起班级里最贫困的两个人，他们在同学中的待遇完全不同。

其中一个是李同学，他走到哪儿，那些发达了的同学都愿意拉他一把，有什么好差事都先想到他。就因为他虽然遭遇过很多不幸，但是一直都很努力地生活，从来感觉不到他低人一等，他不卑不亢的性格也令同学们肃然起敬。

另外一个是王同学，他家的条件明明可以更好一些，可是他不思进取，沉溺赌博，输了个一穷二白。老婆孩子怨他，他自己也是破罐子破摔，邋遢着，懒惰着，每天喝得酩酊大醉，醉了就痛哭流涕，觉得对不起老婆孩子，可是忏悔只停留在嘴上，从不见他有半点行动。

有个同学生意做得很大，很有能力，就帮李同学在附近的矿山谋了一个差事，做个小头头。李同学在一番感谢之后，倒也没拒绝，他觉得自己一定要把工作做好，不能辜负了同学的一片好意。

王同学自然是没人愿意去理睬的，没了赌资，无事可做，他就去找李同学。李同学碍于情面，只好让他留下，尽量找一些轻松点儿的活让他干。因为同学关系，本该相互照应好好工作，可是在无意间的言谈中，李同学了解到，王同学来矿山工作有点动机不纯，他的目的是有一天能死在这个矿山井下，好获得一笔赔偿给老婆孩子。

李同学说："咱同学把咱安排到这儿了，咱就得使劲儿干好，对得起咱同学，咱不能前面走后面被人戳脊梁。你这想法本身就不对，所以我不能留你在这儿工作了。你死在这里，我这辈子心都不安。我不能对不起咱同学，他信任我，让我管理，可我不能给他找个大麻烦进来。"

贫穷不怕，怕的是你的心也跟着贫穷了，那样的心是贫瘠的，没有营养的，种不出一棵向日葵来。

都是贫穷，王同学弯着腰，矮了，可是李同学却一直挺着腰身，有气质地活着。

个子矮小，并不影响你的伟岸。人生很短，但你可以把影子抻得很长。

为他人留下珍贵的记忆，在他人心中点燃一把火，都是你在这个尘世积下的大美的德行。

因为，人活一世，活的不仅仅是脸面，还有背影。

人生中有太多美好的事情
是没有后来的

如果发现我没到达，别惊奇，我正在路上，肯定有很多美丽让我不自觉地停下来。

我有一个喜欢旅游的朋友。他从不跟着旅游团走，认为那是种被迫的走，让人心里很不舒服。他喜欢自由自在，在哪个风景前多流连一会儿，自己说了算。尤其是，他喜欢迷路的感觉。他说，他常常不按照导游推荐的线路走，常常偏离主路，所以时常会迷路。他认为，最美的风景往往是在迷路中遇到的。有一次他去荷兰，没有按常规推荐路线沿海岸线走，而是纵穿了特塞尔岛。结果他看见了大片大片的郁金香花田和农户家农场里的像小棉团一样的羊群。回来的时候，又走错了路，竟然误打误撞闯进了小岛上最茂密翠绿的树林，这些都令他欣喜异常。计划好的快乐，和误打误撞的惊喜，完全不是一个级别的乐趣。

“当你不再为迷路而烦躁和沮丧，而是去享受它的时候，那你将收获很多，也会更加享受其中的乐趣。”这是他的心得。看到他那副满意的神情，我知道，他的内心又入驻了很多美景，而不是单纯地靠数码相机来定格，也不是用“某某到此一游”来标榜的。

相册再大，装不下天下的美景。但若是将美景放在心里，心就是一个巨大无边的展厅。

记得有一次，我打车去郊外散心，没想到司机是个刚刚学会开车不久的年轻人。他有些腼腆，对郊区的道路也不熟，遇到岔路了就要问路边的人下一条路该如何走。本来那天我的心情就不算太好，才想到去郊外呼吸一下新鲜空气，没想到他让我的心愈加烦躁。夸张的是，车已经开出去两小时了，竟然还迷路开错了方向。我终于恼怒了，他却不急不恼，忽然指着路边的一大丛茂密的花说：“看，多漂亮壮观的花儿，不迷路的话没准儿就错过了看它们呢！”说罢，也不顾及我的感受，停了车，拿手机拍照。最后，还喊我给他拍了一张。看着火一样的花丛中他天真无邪的笑脸，我不禁笑了，一颗被阴霾捆缚的心不知不觉间竟松了绑，整个人轻松起来。我忽然领悟，这不就是自己来郊外的本意吗？何必非要执着于它是否是一条“循规蹈矩”的路呢？

车子迷路，心却一下子找到了方向。我知道，有云朵在，有阳光在，有花在，有清风在，我便永远不会迷路。因为不论哪个方向，都可以走回到爱的屋檐下。

人生的路上，偶尔迷路，也好。因为迷路，才能领略平时看不到的风景。“你不会找到路，除非你敢于迷路。”所以，不妨给你的人生增加一些惊喜的“迷途”吧。

你对生活吹毛求疵，生活定会睚眦必报

我接触过一个案子，一个人住旅店时被蚊子咬了，然后过敏，继而感染，进了医院，花了一千多块。那人越想越窝火，一气之下，把旅店老板告上了法庭。他的理由是：我在旅店住，就有不被蚊子侵犯的权利，旅店里有蚊子，那就说明旅店没有做好卫生工作，就是旅店的过错，理应赔偿。

旅店老板自然是不肯掏钱的，因为他从来没听说过这种新鲜事。那人却不肯罢休，发誓要一告到底。法院调解无果，最后没办法，只好任凭法庭来宣判。

在打官司的过程中，他丢了工作，妻子也离他而去。

他这么做，本身也并没有什么不妥，毕竟每个人都想维护自己的合法权益，可关键是，那家旅店的老板是个残疾人，靠政府的支持勉强开了这么一个小旅店，这让我不免将同情的砝码加到了小旅店老板身上，而把这位被蚊子咬到的人定义为“斤斤计较者”。

一只小小的蚊子，凭空给他们增添了多少烦恼和负担！

生活中斤斤计较的人并不少见，他们买东西要算计到几分几厘钱，与人交往在意自己是否吃亏上当，一旦有人得罪了自己，他们绝不会忍气吞声，非要争辩出个是非曲直不可。他们不但计较自己得到了什么，更计较自己失去了什么，可直到最后他们也没有比别人多得。

美国心理学家威廉总结说：爱计较的人常常陷在对一事一物的纠缠里，一般都会引起焦虑症。爱计较的人在生活中常常对人对事充满不满情绪，与人闹意见，分歧不断，内心充满了冲突。爱计较的人，心胸常被堵塞，日积月累便是忧患，处于忧患中的人怎么会有好日子过？太爱计较的人也是太想得到的人，而太想得到的人，往往很难轻松地生活。还有，太爱计较的人必然是一个经常注重阴暗面的人，他总是处处担心，事事设防，内心总是灰色的。

这样的人自然没有快乐，因为他们不懂得原谅。

英语考了全班第一名，却被英语老师嘲讽是作弊得的；被好朋友合伙嘲笑长得“磕碜”，不会有人喜欢；被同事挤对，平白无故替人背了黑锅……世界尖锐得有些脱轨，怎么看来也不会是明媚的记忆和令人欣喜的过往。但不原谅又该如何？难道终其一生只为仇恨？我告诉自己，我并不是原谅了他们，而是看清了这个世界的不完美。

我的整个小学，都是被女生“欺压”得抬不起头来的岁月，那时候就在心底暗暗诅咒，诅咒她们长大了都嫁不出去。可是自己长大后，却找了一个上学时候专门欺负小男生的女孩子做了老婆。

我甚至原谅了一个窃贼，他还算克制，找到现金后就罢了手，家里电视、电脑等物还在，也没有把家翻得如同闹了蝗灾。我没有报案，并非纵容，一来所失钱物不多，财物像水一样在世上流动，它们本不属于任何人；二来希望他可以醒悟，愿他止于这些小罪恶，不要一发不可收拾。

回到我前面说的那个关于蚊子的案子上来，最后，法院判决被蚊子咬的这个人胜诉了，他得到了赔偿。只是，他虽然打赢了官司，丢失的东西却更多。判决下来的那一刻，他并没有更多的激动，而是痛哭了一场，他说如果可以让他重新选择，他会选择宽容和淡忘。

他后悔不迭，如果可以宽容一下，退一步，他也不至于失去工作，失去妻子，失去那么多那么多正常快乐的时光。

仔细想想，这只是一只蚊子的胜利。蚊子不只是叮咬了他的身体，还叮咬了他的岁月。

我平静如水地生活，不想让任何一只“蚊子”钻了空子。这个关于蚊子的事件告诉我们，如果你对生活吹毛求疵，那么生活也定会睚眦必报，给你重重的回击。

我们生而破碎，用活着来修修补补

经常有读者来问我，你是专业作家吗？我给予否定，写作是工作之余的事。读者更为讶异，说这生活琐碎得令人抓狂，而你哪来的那么多时间和精力啊？

时间嘛，挤挤总是会有的。

诺贝尔文学奖得主门罗是个家庭主妇，人到中年才开始写作，每天都写，从未停下过。家里有4个孩子，她一忙完孩子的事就去写作。她说："生活琐碎，写作也就是出口。我每天对自己的写作有个定量，强迫自己完成。随着年龄的增长，人们开始强迫自己做某些事情。配合写作的是每天步行5公里。如果我知道有哪天我没有办法走那么多，我必须在其他时间把它补回来。"

琐碎，谁的人生不是如此呢？我见过一个颇有才情的男子，写过很多才华横溢的文章，我极为欣赏，总是去他的博客浏览。他的博客里不光有自己的文学作品，偶尔也会有一些生活中各种琐碎的记录，比如一些争吵、怨怼，总之，很少有令人愉悦的记录，字里行间总是弥漫着浓重的叹息。看他的生活记录，断断续续可以知道他的一些事，比如婚姻的不完美，有了孩子之后生活的窘迫，低情商导致的同事关系剑拔弩张，等等。忽然有一天，他的博客不再更新了，首页的第一篇文章停留在几年前的夏天。我不知道他是否发生了什么意外，但也隐隐感到，他终究还是因为生活的琐碎彻底被淹没了。就如同他在博客上的签名——我不是鸡，却活在一地鸡毛里。

这情形让我想起刘震云的小说《一地鸡毛》，里面有一段关于梦境的描写：

啤酒虽然夺了过去，但小林脑袋已经发蒙，这天夜里睡得很死。半夜做了一个梦，梦见自己睡觉，上边盖着一堆鸡毛，下边铺着许多人掉下来的皮屑，柔软舒服，度年如日。又梦见黑压压无边无际人群向前涌动，又变成一队队祈雨的蚂蚁。一觉醒来，已是天亮，小林摇头回忆梦境，梦境已是一片模糊。

这个梦境是无数人的生活写照，多少人被生活的琐碎磨平了理想，磨掉了精神。

多少人一边工作，一边想着家里早晨剩下的半块豆腐会不会发馊；怎么和老婆编造一个借口，去和麻友打一场麻将。

希望是火，失望是烟，生活总是一边点着火，一边冒着烟。

年轻的时候坐公交，还是意气风发的，因为心里会想，总有一天，我会有自己的豪车，再也不会在这里挤一身臭汗。可是过了中年，再坐公交车，就没了底气。看着对面驶过来的一辆同样塞得满满的公交车，也没有了观望的兴致，剩下的只有唏嘘。因为，未来已经定型了。

醉酒之后，想起许多事，擦肩而过的缘分、稍纵即逝的机会，一个都不放过你。贵人难遇，小人却像跳蚤，时而叮你后背，时而叮你指尖，你越挠越痒，却苦于抓不住它。

忘了是哪本书上的一句话让我感受很深：世事如烂瓜，一碰就碎；人心如火药，一点就着。一对本来挺要好的朋友，因为一丁点儿芝麻大的事，彼此记恨了多年，耗费了彼此的青春。

如果你在早上敲开邻居的门，或许会发现他并不幸福。比如他吃着昨夜的残羹剩菜，暖气管漏水，滴滴答答淌了一地，他顾头不顾尾，拆了东墙补西墙，生活被他经营得一团糟。原来，还有比你活得更一塌糊涂的人。

只为了简单地活着，人就已经掉了一身皮屑。可是，渐渐地，大家都心安理得地睡在鸡毛堆里，柔软舒服，度年如日。

生活正在一点点地使我们衰弱颓废，可是我们要拿出心底的勇气与它对抗呀！比如今夜，我要换个方式与自己相处。我准备了三种味道的奶茶：

咸味、甜味和荞麦味。我想好好宠爱自己，三种奶茶，一样一样去品尝。闭上眼睛，仿佛感受到草原的气息。

我是一本印刷粗陋的书，但唯一可以保证的是，我绝非盗版，我只想谦卑地写下每一个字，记录这个世间流动的美景，并且，传递彼此心灵间的慈悲，真心诚意地度着生命的每分每秒。

所以，我回复我的读者，世间鲜有奇才，只有孜孜不倦的寻梦人。琐碎是生活的一部分，是爱情的一部分，也是诗歌的一部分。拾捡起来，仔细打磨，这些琐碎的点滴，也是可以穿成项链的。

没有值不值得，只有愿不愿意

和朋友聊天，他说很羡慕我，总能活在诗情画意里。

“难道你没有吗？”我问他。

“我在倔强地留着它们。”他说。

一个“倔强”，说得极好，无奈的纸团捏出一朵花来。

或许我们的时间被排得满满，或许你像个陀螺一样，但总会有办法给自己留下那么一个诗情画意的“缝隙”，比如买束花，比如扫扫灰尘，比如弹弹琴、写写字，比如买各种壁纸，给每个屋子换上不同的颜色，哪怕仅仅是为了换换心情。从这些小事入手，看似没有改变什么，其实是在宠溺着我们那颗清雅的心。

一颗清雅的心，对于一个人来说，就如同心底最自然的喜欢。那是夏虫对夏夜的喜欢，是一个人对一首恰好迎合了他心境的歌儿的喜欢。

高尔基说，一个人年轻的时候，对他来说，“庸俗”不过是一种有趣的或者无关紧要的东西，可是它逐渐把人包围住，它那灰色的雾像毒药或者炭气一样地侵入了他的脑子和血液，这样一来他就变得像一块起了锈的旧招牌：那上面一定写明白了是什么行业店铺，然而究竟是什么呢，却已经认不出来了。

一颗清雅的心，其实就是一颗把欲望剥离得很远的心。清雅的心，不是你多么清高，对什么都充满鄙夷，而是对一切都心怀热忱。

孙犁写了《铁木前传》后挨批，精神抑郁得很厉害，痛苦异常，到了崩溃的边缘。他在散文《黄鹂》中写道："前几年，终于病了。为了疗养，来到了多年向往的青岛。春天，我移居到离海边很近，只隔着一片杨树林洼地的一幢小楼房里。有很长的一段时间，我一个人住在这里，清晨黄昏，我常常到那杨树林里散步。有一天，我发现有两只黄鹂飞来了。"于是，"观赏黄鹂，竟成了我的一种日课"。

在另一篇散文《石子》中，他写道："在青岛住了一年有余，因为不喜欢下棋打扑克，不会弹琴跳舞，不能读书作文，唯一的消遣和爱好就是捡石子。"据和孙犁有交往的林斤澜说，观赏黄鹂治不好他，捡石子治不好他，最后治好他的是拆装手表！把手表慢慢拆掉，又把手表慢慢装好。一遍又一遍，一日又一日，周而复始。

生活若失了乐趣，那生活便如同一潭死水，激不起半点涟漪。

孙犁不断地在死寂的生活中寻找着乐趣，宠溺着那颗清雅的心，才有了坚强活下去的意志。日本作家檀一雄是靠不停地做菜来摆脱疯狂的。他的同为无赖派作家的两位朋友，太宰治投水了，坂口安吾服毒了，而他靠做菜来静心，用给大家带来欢乐的方式来遏制自己疯狂的念头得以寿终。正是因为寻找到生活中的乐趣，才让他的心灵一边向上，一边沉潜，得以一点一点地靠近天籁之境。

倔强地和世俗叫板，不肯落入那俗气的泥潭，这就是我们葆有一颗清雅之心的秘诀。

你往前走，苦才会往后退

在天涯论坛看到过一个帖子，有个年过八旬的老人，卖菜养家。每天早上，寒冬的街头最低有零下十几度，寒风当中不要说有其他摆摊的小贩，就连路上的行人都少得可怜，而她就这样执着地坐在路边，等待偶尔来买上一两块钱菜的顾客。她一家四口人，大儿子有关节炎，没法出去工作；二儿子是个聋哑人，在邻镇打些零工；还有一个毫无血缘关系、收养的小孙女正在上小学。虽然生活的重担都压在她一个老人身上，但她却很乐观，很坦然。不管是卖菜还是闲暇的时候，总能在她嘴里听到属于她那个时代的“样板戏”。

她的小摊很干净，因为她常常拿着一把扫帚，不停地打扫。她佝偻着腰，嘴里含含糊糊地哼着不着边际的曲调，辛酸和苦累就这样被她遗落在脑后。

昏暗阴冷的地下室就是她的家。纸糊的窗子透着风，家里只有斑驳的墙壁和歪倒的柜子。十几年蜗居在这里，虽然日子过得很难，但是她从不愿向别人张口。过了八旬高龄的她，常说的一句话就是：“我靠自己的双手养活自己的家。”

她每天早上顶着寒风步行来回两个小时去远一点的菜场进更便宜的菜，然后在自己的小摊上等候少有的顾客，赚上一点差价。多年来，她最大的愿望就是，有一家自己的菜店，可以继续为儿子孙女出力。

这是一个多么令人敬重而又让人心疼的老人啊！

在我居住的小区，有一个类似的老人。每天早晨晨练的时候，我都会看到他在扫大街。彼此虽然没怎么说过话，但经常见面，也算熟络了，每次都会点下头打个招呼，日复一日。

老人的脸上有一种如同海水浸泡过的坚韧，胡子拉碴，说话时看不清是胡子在动，还是嘴唇在动。

老人穿着很破旧，但在他的脸上却看不到一点悲苦的神情。他每天天刚蒙蒙亮就来到大街上工作，有时候配合着公园里“喊山”的老人狠狠地吼上两嗓子韵味十足的京剧，小区里的人在他的“京腔”里慢慢醒来，舒展着身体，开始了新的一天。

那天，学校的广播里放着那首节奏感极强的《当兵的人》，我看到他把手里的扫帚当成了指挥棒，在那里忘我地打起了拍子。我想，那天老人的家里一定有什么喜事吧，是儿子升官了吧，是孙子考试拿了第一了吧，是老伴的病终于治好了吧……不管是什么原因，我都被他的快乐感染了。

和他比起来，其实更应该快乐的是我。我有体面的工作，有车有楼房，可我为什么高兴不起来？每天穿梭在人群里，为什么总要以冷脸示人呢？归根结底，是因为那颗心被绑缚了太多的贪念，总想着更多，所以轻快不起来，无法自由自在地去飞。

老人手里的那把扫帚，我愿意叫它“四分之三拍的扫帚”，它扫掉了我心头的贪念和浮躁。我的脚步快了，我的心灵轻了，第一次，我有了想要飞翔的轻灵之感。

一个人最大的消耗，是对自己的战争

夏天的时候，在外当水兵的表哥回家探亲，他给我讲了一个亲身经历的故事。

那里有一个无人居住的小岛，我们决定划船渡到那个岛上去，看看能否采些野果回来。

我们拿了很多袋子，只有炊事班的老刘带了斧头和许多绳索。老刘是我们这批士兵里年龄最大的一个，为人憨厚老实，不管别人说什么，总是憨憨地对着你笑。

岛上的东西真的很丰富，各种各样的野果不下十几种，我们整整装了几十袋，准备给战友们好好打打牙祭。老刘却不去摘野果，而是不停地砍伐竹子。我们很不高兴，责怪老刘："大家都在摘果子，你却只想着你自己，难不成你要用这些竹子给自己搭帐篷啊！"老刘并不恼，依旧我行我素，继续砍他的竹子。

"好，回去我们吃果子，让他吃竹子。"我继续嘲笑老刘，并做了一个熊猫吃竹子的动作，暗示老刘是一只喜欢吃竹子的熊猫。

老刘还是微笑着，并不去怪怨我们。

我们忙活了很长时间，拿来的袋子也都装满了，可是猛然发现，如果放了这些果子，我们的小木船就超重了。正准备扔掉几袋辛辛苦苦摘下来的果子时，老刘却把那几捆竹竿卸下来，不一会儿就做好了一条竹筏。他说，来的时候，他就想到了我们会带回去很多东西，所以准备好了再造一条竹筏。

“还是你有先见之明啊。”我们都涨红了脸，对老刘说着对不起的话。他照例憨憨地对我们笑着说因为自己年长，所以经验丰富一些，没什么的。

老刘这个人表面看上去好像很笨，其实是很聪明的人。他就是我们的“开心果”，我们大家都喜欢拿他开玩笑。也因为他性格好，从来不和我们生气。

可是有一次，我们真的把他伤得很深。他老家来了一封信，我们争着看，不小心就把信封里面的一张照片给弄到海里去了。看了信之后，才知道，那是老刘没过门的媳妇的照片，那个女孩出了车祸，临死前托人把这张照片寄到部队来，想让他留个念想。

我们争着穿上救生衣，要去海里找那张照片。老刘阻止了我们，他说不怪我们，人都没了，留个照片有啥用。他说他的心里有她呢！

老刘说，她之所以离世前托人寄来这张照片，就是希望他能好好地活着，所以他不会辜负她，不会消沉下去的。

我们看到他强忍着眼中的泪水，颤抖着双手，继续去修补一条船。我们知道，在那心如刀割的伤痛里，他正在给自己造一艘返航的船。

宽恕，这才是最重要的！宽恕别人，就是为自己造了一艘返航的船。

在你什么都不想要的时候，一切如期而至

晚霞退尽，夜幕升腾。忽然有了想出去走走的兴致，便约了朋友，一边散步一边聊着天。一盏路灯，路边还有未化的雪。和他说着话，说着说着就走了神，走了神就和他说，先别说话，让我好好看看这天空。

这天空蓝得无法形容，是一种有着忧郁气质的蓝，一种可以给你无限遐想的蓝，如丝丝滑滑的缎子面，伸出手就可以触摸到那种软软的微凉。

路边有人在放烟火，“砰”的一声，一个火球飞向空中，然后绽放，把那蓝揉碎，又慢慢抚平。一颗心也跟着开了，又落，芳香却留下来，沉淀于心底。

童年的一些映象就开始在脑海中不停地闪现，野地、葵花、蝈蝈、风车、蒲公英、玉米秆儿、稻草人……

“喂喂喂，没事吧你？”朋友看我傻愣着发笑，不禁担心地过来摸摸我的额头。

我笑而不语，那魂飞天外的样子一定把他吓得不轻。

在走神儿的这一刻，心底忽然塞满了一颗又一颗温柔的小星星，它们闪着恒久而又年轻的光，提醒着我，不该忽略生活中的一件件“小确幸”：

住在乡下的岳父，一向有些懒散，听说我们一家人要回去过周末，起了很大的早，把院子打扫得干干净净，把屋子烧得热热乎乎。岳母同他打趣：“一辈子的懒家伙，今天这日头咋从西边出来了。”岳父嘿嘿笑着，并不言语，搬了凳子，够下来那瓶珍藏了好久的“五粮液”。

妻最小的妹妹和我们的年龄差了近20岁，上学和工作期间都在这住，我和妻也一直把她当女儿看，有时候不自觉地就喊了声“姑娘”，她竟也乐于答应。她结婚后家里一下子冷清了许多，好久不来，心中不免有些挂念，也有些“结了婚就什么都忘了”之类的怨言。忽然有一天门铃响了，问是谁，听见她在那边欢快地喊：“你大姑娘回来啦，快开门！”

仕途上春风得意的时候，老朋友纷纷“退场”，正开始怀疑那份友谊的纯度的时候，朋友发来的短信却写着：别人都关心你飞得高不高，我们只关心你飞得累不累……

身在尘世，有时候会感觉自己像一头驴子，被鞭子驱赶着。生活的磨盘啊，榨出新鲜的豆汁儿，也榨尽我们的诗意。我们蒙着眼，不停地奔忙，除了风声和汗水摔到地上的响声之外，就只有磨盘的吱呀声了。那只磨盘，如一只生锈的龟，爬了许多年，仍在原地打转，它爬不出宿命。

累了的时候，真想坐下来，亲手烘焙一块蛋糕，亲手研磨一杯咖啡。

生活再忙，也要给自己挤出一点独处的时间吧，用来想念一下亲人，问候一下朋友。

再忙，也要在那劳碌的间隙里，吸吮出感恩的骨髓来。

走走神，发发愣，我会听见时钟上的秒针，赶着小碎步，一路奔忙，像一只淘气的小狗，不停地转着圈，非要咬到自己的尾巴不可。

走走神，发发愣，我会看见一朵云拉着另一朵云的手，相互打探故乡和亲人的消息；我会看见鸟儿衔走我们的快乐和悲伤，飞到月宫里去报告人间的事情。

走走神，发发愣，我会听见蟋蟀的歌声。这弱小的歌者，不论怎样的天气，都持续着它的歌唱，“它身披长衫，独吟琴操，双目微盲，心中灿烂。它像瞎子阿炳一样，低语着艰难的身世和世上的尘土，它把听着的心说旧了，把时光说短了，把梦说老了，把一支名叫《寂寞》的歌儿，说得更加寂寞了（诗人巴音博罗语）”。

葛红兵在一篇文章里写道：只要你从世俗的功利中抬起头看看，那片绿色就属于你了；听听，那池蛙鸣也就是你的了；想想，看着天空发一小会儿愣，那天空就是你的了。

走走神，发发愣，给一颗心松松绑，让它随着云朵、随着风、随着鸟儿，爱飘到哪里就飘到哪里去吧。

如果生活突然向你发难，躲不过的话就正面交锋吧

你的身边有这样一些人：他们的生命不华丽、不精彩，甚至单调、枯燥、乏善可陈。如果生命是音乐，那么他们从没有攀登过高声部，一辈子都在低音区徘徊、漫游。他们平凡普通，他们卑微琐碎，但是没有他们，就不会有绚烂的音乐！

妻子竞争车间主任职位失败了，但奇怪的是，这一次她似乎看得很开，不再像以往那样，凄凄惨惨地难过一阵子。妻子是一个进取心很强的人，不管做什么都想争个名次，久而久之，性格里便多了一份焦躁。可是这一次，真的是个例外。我问原因，她没说什么，只是给我讲了她班组里发生的一些事情。

妻子说，她的班组里有一对年轻夫妻，丈夫叫康健，是班组里唯一的男人。当初看到他时，妻子感觉有点惊异，因为在她眼里，她们的工作是

女人的活，一个大男人怎么掺和进来了？后来才知道，康健是个病人，两年前换了肾脏，公司为了照顾他，让他来她们这里做些比较轻松的活，也算让他自食其力吧。

康健偏偏不健康，看来老天真是喜欢捉弄人。康健的爱人是个美丽大方的女子，他俩有一个三岁的女儿，由家里的老人照看着。因为治疗，花费了很多手术费及医药费，虽然公司及同事为他们捐款支付了部分费用，但是绝大部分都是自己解决的，为此欠了一屁股债。康健每天还要服用抗排斥的药，他俩的生活已不是一般的拮据。而且据说换上的肾脏寿命不是很长，每年都要检查，五年以上或许就会因排斥反应而衰竭，必须重新换新的，弄不好还会有生命危险。

因为他们的不幸遭遇，妻子和同事们认为他们两人的脸上会有悲哀的神情，但是没有，康健总是不时说几句幽默风趣的话，看上去满脸轻松，他的爱人也总是微笑着，看不出半点幽怨。他们夫妻在同一班组，有时他俩会相互串岗，总是想办法在一起工作，中午吃饭的时候，两个人一手一个馒头，就着自带的咸菜吃，伴着低声笑语。

夫妻俩都喜欢唱歌，每次聚会的时候，总少不了他们夫妻俩的对唱节目，在他们脸上看不到一点儿不幸的影子，相反，全是幸福的红晕。

更让我妻子感到诧异的是，他们平日里省吃俭用，什么都不舍得买，可是那天却奢侈地买了两张演唱会的门票。我过惯了穷日子的妻子，思维逻辑也变得狭窄起来，她会把这些钱折算成几缸咸菜、几桶豆油，或者几袋大米，总之，万万不会去买两张演唱会的门票。

女人来不及回家换衣服，向我妻子借了件外套，还一个劲地让男人看自己规整不，她说那是个高雅的地方，不敢穿得过于随便，怕被人家笑话，一边倒饬一边为即将看到心中的偶像激动不已。康健更是忍不住来了两句浑厚的男中音，惹来一片喝彩。

生活在万劫不复的低谷，却依然有一颗朝向阳光生长的心。他们的故事给了妻子很大的触动，妻子说，比起他们来，她那一点点的失败又算得了什么呢！

没有什么苦难可以阻止他们热爱生活的心。他们很低，低到尘世最卑微的人群中去；他们很高，高过云层，将整个世界一览无余。

他们就像是那低音区的音符，平凡普通，却快乐得像小小的蝌蚪。小小的蝌蚪，不管水的深浅，都一样无忧无虑地生活。那些摊贩，那些工人，他们辛苦地劳作，却无比快乐。我总能听到他们很爽朗的笑声，听到他们的大嗓门“粗制滥造”出的情歌。这些生活在底层的普通而快乐的人，都是活生生的蝌蚪。热爱生活的蝌蚪，让人充满了敬意。

在低音区漫游的蝌蚪，把自己悲苦的生活谱成了鲜活的乐曲。

一念放下，天地皆宽

她的日子如同老式的算盘，洗衣、做饭、接送孩子，就那么几颗珠子，拨弄来拨弄去。

美兰一直重复着这样的日子，只因为她的丈夫说，有烟火气的女人是最优雅的。

她喜欢听他说那些温柔的话。他还说，她是世上最美妙的女子，他要把她捧在手心里，一辈子。

可是美兰的丈夫却是个口是心非的男人，体内有着太多的自私与抵挡不住的兽性。那个心里的野兽只要轻蔑地瞟他一眼，他就会拜倒在它的脚下。喷涌的欲望与激情，就像那些饥渴的吸血鬼一样吞噬着他的心。于是，转眼他就又会爱上另一个女人，和新欢说着同样美妙的誓言。

美兰为人贤淑，却有些笨拙。丈夫说喜欢吃鸡蛋炒韭菜，她就天天做这道菜，一直吃了半月有余，直到把丈夫吃得有了怨言。

这不是她的渣男丈夫另寻新欢的理由，但多少也有一点牵连。

新欢找上门来和美兰摊牌，说自己有了身孕，逼着她和丈夫离婚。美兰思想斗争了整整三天三夜，决定放手。

之所以做出这个决定，是因为她在一本书里看到了一句话，是劳伦斯说的："音符本身很好，可是只弹一个就变得可怕了。一个音符，总是一个音符，这会让你的耳朵磨出老茧来。"

这句话让她猛然醒悟，她想，不能再这么重复着去做一些无意义的事了。你的风衣好看，你也不能一直穿着，在需要短裙和T恤的温度里，你的风衣只会让你显得另类和滑稽。

美兰决定改变自己。哪怕只换一剂调味品，也能让这日子换个味道吧。

她下定决心剪掉了长发，换一个发型，换一种心情。没想到感觉特别好，她想，若不去改变，就永远不知道自己的另一面竟然如此光彩照人。

美兰是我以前的同事，结婚之后就辞了职，在家专心地相夫教子，没想到这些年经历了这么多的波折。

美兰重新回到我们中间后，干劲满满，对我们也是极其热情，年近四十的女人，看上去依然青春靓丽，动感十足。她努力生活的样子告诉我，你可以不住在面朝大海的屋子里，但是你的内心一定要春暖花开。

有一天，美兰无意间遇到了那个导致她离婚的"小三"，和她比起来，

“小三”显得狼狈不堪、邋遢得很，而美兰则看上去高贵优雅。“小三”惊讶之余，哭诉自己的不幸，前夫把她甩了好多年了，“亏他当年说了那么多好听的，他说他永远爱我的啊，这个天杀的，这会儿不定换了多少女人了”。美兰微笑地看着眼前这个可悲可叹的人，仿佛这一切从来都与自己没有半点儿关联。她想，再美的音符，如果一直弹奏就会变成恼人的噪声。她从前的日子是这样，渣男的誓言也是这样。

乔布斯说：“你的生命非常有限，所以，不要浪费在重复他人的生活上。”此刻，美兰想把这句话送给“小三”，可是担心她听不懂，所以，她什么都没说。她微笑着转身走掉，阳光洒在她重新长起来的头发上，熠熠生辉。“小三”盯着这个渐行渐远的高傲的背影，嘴巴一直无法合上。

与其凡事都吃一堑，不如事前借一堑

人们热衷于旁观。别人的“事故”来了，要么玩起冷漠的游戏，“事不关己，高高挂起”，要么幸灾乐祸地看热闹，却只观浮华表面的尘，不去深究内里的核。

这正是人类的通病。只有自己“亡羊”了才想到“补牢”；只有自己丢钱了才想到为口袋缝个纽扣；只有自己陷进隐秘的泥潭了才学会绕道而行……凡此种种，与其说是自私，不如说是糊涂。

人们习惯向别人借钱借物，却很少借鉴别人吃过的亏；人们喜欢从别人那里得到施舍，却很少琢磨别人的“致富经”；人们喜欢在别人身上挖掘笑料，却很少思量那笑料里是否也有自己的影子。

吃一堑，长一智，以这个速度计算，一个人一生得吃多少“堑”，才能把脑子补聪明了？闹不好吃坏了胃，吃坏了岁月，还真是不划算。

吃一堑，长一智，还要看吃的是什么级别的“堑”，如果危险系数高，连命都搭上了，还有什么机会补脑子长智慧？

所以，吃一堑，不如借一堑。

借鉴别人的失败和挫折，比学习别人的成功经验显得更为可贵。很多教训不必件件亲历，事事经过。比如：不一定非要摔断了腿，才了解电动轮椅的构造；不一定非要置身贫民窟，才懂得铺张浪费的可耻；不一定非要遭遇离异的烦恼，才能找到美满婚姻的真谛；不一定非要摔得头破血流，才懂得人生旅途的疲惫和艰辛。

善于总结和思考前人与他人的挫折，往往可以获得更有益的启迪，拓展更宽广的视野。

借他人之“堑”，铺自己的坦途。

勾践借夫差贪美恋色之“堑”，卧薪尝胆，忍辱负重，三千越甲终吞吴；刘邦借项羽刚愎自用之“堑”，拜张良，追韩信，终得大汉数百年霸业；周瑜借曹操误中连环计之“堑”，火烧赤壁，换得三国鼎立……

吃一堑，长一智，是在自己的伤痛里磨砺珍珠；借一堑，长一智，是从别人的挫折里淘洗金子。

珍珠不易磨砺，吃一堑怕是远远不够。相比珍珠，金子更容易淘一些。所以，吃一堑不如借一堑来得实惠。

吃堑，犹如良药，苦口但利于病。借堑，需要胆量、胸襟，甚至智慧。

不论是自己之“堑”，还是他人之“堑”，都是人生进步的阶梯和财富。不管是吃还是借，“堑”都是好东西。

萨特说：“他者即地狱。”其实，他者并非一座地狱，只要你稍微调整一下思考的心，他者也可以是一面镜子，令你自警；他者也可以是一粒药丸，健脑补心。

「人生除了生死，
其余都是擦伤」

2

别怕，黑暗一捅就破

那时，我正在经历人生的低谷。坐在我对面的命运，像一个高深的弈者，总能识破我的一招一式，令我节节败退，四面楚歌。

由于决策上的失误，公司面临重大的危机。我召集公司所有的智囊商量对策，但没有一个人能支招走出一步好棋。

我吩咐秘书推掉所有的电话，把自己关在一间漆黑的屋子里。为了防止情绪崩溃，我放着一首比较轻松的曲子。尽管如此，我依然感到了一种大难临头的恐惧。

老父亲知道了我的困境，把自己辛辛苦苦积攒的养老钱全部拿了出来，让我解燃眉之急。那点钱对于我的公司来说，无异于杯水车薪。

父亲在外面敲门，敲了足足有个把钟头，我依旧无动于衷。父亲急了，用拳头一下子砸碎了玻璃，光亮一下子就照了进来。

我给父亲包扎手上的伤口，父亲说："黑暗不可怕，你看，我一拳头就把它砸跑了吧。”我知道父亲话中隐含的意思，我们同时想到了很多年前的一件往事。

那时候我还很小，好像只有8岁。由于中苏关系紧张，战争似乎一触即发，全国上下都在忙着备战。我们家里买了一大口袋饼干，以备不时之需。有一天，广播里通知说，敌机很有可能在夜里飞过我们城市上空，为了防止被敌机看到可以袭击的目标，各家各户都不准点灯，窗户上要糊满纸，不能有一点光亮露出。

那个夜晚，所有的房子里都黑着，到处都是黑黢黢的，阴森而恐怖。

大人们聚到院子里，忧虑地望着天空，甚至连烟卷都不敢抽，空气紧张到极点。我们则躲到了屋子里，大气不敢出，更是紧张得要命。父亲说，别怕，黑暗马上就过去了。为了缓解我们的紧张情绪，他给我们讲了一个又一个轻松的故事。渐渐地，我们不再那么害怕了。警报解除的时候，院子里的人们点起了篝火庆祝。父亲用手指捅破了窗户纸，火焰一下子照亮了我们。父亲说，看，黑暗并不可怕，它一捅就破。

父亲并未给我带来智慧的“金点子”，帮我力挽狂澜，渡过难关。但他为我带来了一根乐观思想的拐杖，使我不至于摔倒，使我在如潮的黑暗中看到了那召唤人心的丝丝曙光；使我坚定了信心，和公司的所有员工一起，节衣缩食，艰苦奋斗，终于度过了最为艰难的一段时期，使公司又重新走上了光明之路。

每个人的人生都会或多或少地经历一些黑暗，面对那些黑暗，亚瑟王悲观地说：“我不相信有天堂，因为我被困在这个地狱的时间太长了。”泰戈尔却乐观地说：“如果黑暗中你看不清方向，就请拆下你的肋骨，点亮作火把，照亮你前行的路。”

这些话，都是后来在书上看到的，都是名言。而比这些名言更让我记忆深刻的，永远是父亲那句朴实的话：别怕！黑暗一捅就破。

什么都可以失去，唯独希望不可以

因为一场大风吹断了电线，很久不曾停过电的城市经历了一次短暂的黑暗。我在黑暗中摸索着，找到了一只打火机，点着了不久前为孩子买的生日蛋糕上剩下的几支小蜡烛，那荧荧的火光像萤火虫一样气若游丝，却令我不再那么慌乱。

忽然就想起祖母来了。

祖母的一生就像一根火柴，不断地为我们储藏着热情和温暖。火柴，小小的木头，把最炽烈的光藏在最不为人知的暗处。

初嫁时，头戴红纱，身材短小，为挥锄的男人烧水煮饭，为灯下的孩子穿针引线。

老的时候，光焰散尽，头顶的红纱早已变成灰色的头巾，她再也燃不起火来了。

小时候经常停电，停了电祖母就会点燃一盏煤油灯。灯芯长了的时候，屋子就会亮一些，我们在墙上的影子也更清晰一些。我们喜欢这个时候，也更乐于让手掌变幻出老鹰和小兔子的模样，去墙上飞翔或者奔跑。可是祖母往往会在这个时候拿起剪刀，把放纵得有些得意忘形的灯芯拦腰剪掉一半，剩下微弱的一半光亮苟延残喘。我们的老鹰和小兔子也不再飞翔和奔跑了，我们钻进冷冷的被窝，眨着黑亮亮的眼睛，看着祖母在那半点微光下，纳着似乎永远也纳不完的鞋底。

我们想，那样的鞋子肯定命硬，穿着那样的鞋子，就算再黑的夜、再难的路，也总能回到家的吧。

犹太人的经典《塔木德》里有一句话："人的眼睛是由黑、白两部分组成的，可是神为什么要让人只能通过黑的部分去看东西呢？因为人生必须透过黑暗，才能看到光明。"

是啊，黑暗并不可怕，只要心中亮着哪怕半点荧光。

读阎连科的小说《年月日》的时候，脑海中也闪闪烁烁地浮现着半点荧光。

先爷是整个村落留下来的唯一一个人，他活着的唯一目的，就是守护一株玉米苗。那是他的半点荧光，他的全部希望。无粮，他把老鼠洞里的存粮刨出来；无水，他把井里的水用褥子浸湿拧出来。直到老鼠洞里再刨不出一粒米，仅有的水井也被死老鼠填满。先爷到处捉老鼠当吃食，到四十里外去寻水，与狼群展开一夜的对峙并最终令狼群退去。当他发现玉米苗急需肥料的滋养时，他毅然决然地以自己的身躯为它充当肥料。最终，他的尸体与玉米的根须紧紧地相拥而眠，玉米的根须穿透了他的皮肉和骨髓，吸吮了他的养料而存活下来，并最终结成了玉米棒子，上面有七颗成熟的玉米籽。

那七颗宝贵的玉米种子，也便成了村人们的半点荧光，给了他们得以继续活下去的希望。先爷通过那七颗种子，传递给村人们一个信念：能活着就好！

能活着就好。活着就会上演奇迹。

只要还有一片鹰的羽毛，便不该对飞翔感到为难；

只要还能见到一滴露水，便不该抛弃对叶子的爱恋；

只要还有一根火柴，便不该失去对光明的渴念；

只要还有半点萤火，便不该有半点厌世弃世之心！

换一种看法，
就换了一种活法

记得小时候，一个夏天的夜里，有一只飞虫飞进了我的耳朵里。我慌张地使劲拨弄耳朵，可是那只顽皮的小飞虫死活都不肯出来。我急得哭了起来。

奶奶取出一滴清油来，她说，往耳洞里滴几滴清油，就可以把飞虫的翅膀粘住，然后憋死它。

而母亲却让我站起来，把耳朵对着明亮的灯泡，并像变魔术一样地趴在我的耳根上喃喃低语：虫儿虫儿快出来，给你光亮让你玩……果然，不一会儿，虫儿就慢慢爬了出来，围着灯泡快乐地旋转起来。母亲说，虫儿最喜欢的是亮光，哪里有亮光，它们就会朝哪里飞奔。

对于两种不同的方法，诗人孙晓杰解释道：前者是生活，而后者就是诗歌。

奶奶去世的时候，我伤心又害怕。一个疼爱我的人永远地走掉了，再不回来了。蓦然间令我感觉到生命的黑暗。父亲来开导我，他摸着我的头说，奶奶出远门了，那个方向是通往天堂的方向，上帝正在花园里召唤她呢，因为上帝喜欢她。我知道奶奶是个很虔诚的基督徒，这样的解释让我的心锁顿时打开，父亲把我的悲伤改编成了童话。

从此我微笑着生活，我知道奶奶希望我这样。无论走到哪里，我都会给自己，也给别人以微笑，把手中的爱尽力扬撒到世界的每一个角落。

同样是小学三年级的学生，在作文中说他们将来的志愿是当小丑。一个老师批之为：胸无大志，孺子不可教也！另一个老师祝愿道：愿你把欢笑带给全世界！

有一次到日本伊豆半岛旅游，路况很差，到处都是坑洞。其中一位导游连声抱歉，说路面简直像麻子一样。另一个导游却诗意盎然地对游客说：诸位先生女士，我们现在走的这条路，正是赫赫有名的伊豆迷人酒窝大道。

人生也是这样，当你被一件事情困扰的时候，想没想过换一种方法来解决它呢？我们每个人都无法主导生命，却可以改变生活。那个时候，你会觉得生活是一件很诗意的劳作，而并不仅仅是从一只肩膀到另一只肩膀的疼痛。

生命中没有导演，无法为自己的人生进行彩排。但我们可以是编剧，尽管每个人的生活都会是一本陈年旧账，但我们可以把它变成自己想要的体裁，那些风花雪月可以改编成诗歌，那些柴米油盐可以改编成散文，那些坎坷和灾难可以改编成小说，让你的人生时而像水一样流淌，悠闲而又充满诗意；时而又像山路一样跌宕起伏，峰回路转，柳暗花明。

生活是一座杂乱无章的素材库，我们要做的，就是努力使自己成为一个优秀的编剧。

优秀的人，
都敢对自己下狠手

他每天坚持 16 个小时的创作，从不放弃。

他将自己完完全全融入作品中，跟着主人公的喜怒哀乐而或悲或喜。他们幸福，他便跟着欢欣雀跃；他们悲苦，他便跟着经历黑夜。作为一个诗人，他被自己的诗句摄走了魂魄；作为一个作家，他被自己的情节吸去了精髓。

文字，是他的孩子，除非他们在别的地方玩耍。但只要跳到了他的稿纸上，跳进那幸福的格子里，他们就成了他的孩子。他疼爱他们但绝不娇宠，他用自己的心磨砺他们，使他们闪现珍珠般的光泽；他用自己的灵魂熏陶他们，使他们释放如醴的芬芳。长期的伏案写作，使他的手搁在纸上，就像搁在刀刃上一样。

他隐姓埋名，躲起来写他的文字，朋友们找不到他。

他的早晨，永远从中午开始。

饿了，便拿起一个冷馍一根生葱，边吃边写。在外人眼中，他显得有些偏执，有些另类，执着得近乎有些“病态”。他计算成功的方式是吃苦和受罪，他拼命工作，玩命写作，自我折磨式的付出使他耗尽了最后一滴鲜血。他就是路遥，为我们剖析过人生，为我们展现了平凡的世界的人。

汪曾祺说过：“人总要把自己生命的精华都调动起来，倾力一搏，像干将莫邪一样，把自己炼进自己的剑里，这，才叫活着。”古往今来，凡是做大学问的人，无不如此——心无旁骛，专心于自己的研究和创作，将自己炼进自己的剑里。

路遥就是这样的人，将自己炼进了自己的文字里，写出了《人生》《平凡的世界》等气势恢宏的巨著。

全身心地投入，才能产生惊人的能量。把自己炼进自己的剑里，你便有了剑的魂，剑便有了你的魄。

把自己炼进自己的剑里，你和你的剑才有了合二为一的光芒。

尊重自己的人，才会被人看重

一个地主家里有3个仆人。他们有着完全不同的为人处世的方式。

张三是个性格倔强的人，虽然是个仆人，但看不到他有一点仆人的奴颜媚骨。他每天都会把腰身挺得笔直，做他分内的工作。他有一颗高傲的心，为了这颗高傲的心，他付出的代价就是不停地挨主人的鞭子。

李四是个中庸的人，他很聪明，懂得看主人的脸色。主人心情不好的时候，他会适时低头，这样既不违背主人的意愿，又维护了自己的尊严。只是这样时间久了，他的背有些微驼了。

王五是个会讨主人高兴的人，每天在主人面前卑躬屈膝，害得主人家的狗总是对他龇牙咧嘴，大概是在与他争宠。在他看来，下跪自然有下跪的好处，除了可以不像张三那样挨鞭子以外，还常常可以得到主人赏赐给他的一些好吃的东西。为此，他不止一次在张三和李四面前得意地炫耀。

有一天，主人要对他们3个人重新分工。王五高兴地想，这回主人一定会让他干点好活计，说不定还能当个小管家，管着他们俩呢！可结果让他大失所望，张三负责摘果子，李四负责浇花，而他却负责擦地板。

他怯怯地问主人其中的缘由。主人说这样分工是合理利用了他们各自的特点，因为张三每天站得笔直，所以适合去摘树上的果子，而稍微有些驼背的李四，适合种菜浇花，“你总是喜欢下跪，”主人拍拍他的肩膀说，“那就去擦地板好了。”

世上没有白走的路，每一步都算数

小时候家里穷，一日三餐几乎都是窝头加咸菜。我和哥哥没有穿过新衣服，都是捡城里的亲戚家表哥们穿过的。家里有八亩多地，一家人的吃穿用度全靠那块地打出的那点粮食。冬天农闲的时候，父亲就去城里打些零工贴补家用，不管生活怎样苦，我和哥哥始终都没有辍学。全家人勒紧裤腰带，硬是在牙缝里挤出了我们的学费。

13 岁那年的冬天，我和哥哥的学费又涨了，尽管刚刚放假，可是我们却高兴不起来，都在为新学期的学费发愁。正巧有人来我们村包了一个工程，需要一些劳力去挖沟渠，我们一家三个男子汉都报了名。父亲沉重地说：“如果挣不到钱，你们两个就必须下来一个了。”我和哥哥都在心里憋足了一股劲，要用自己的双手挣够自己下一学期的学费。

哥哥比我大两岁，但瘦小得好像是我的弟弟。那个寒假，过得可真苦啊。头一天上工的时候，天刚蒙蒙亮我们就起身了，父亲说我们年龄小，干得慢，所以要抢时间，免得被别人落下太多。

包工头是个很干练的中年人，他看到父亲领着两个孩子来挖渠，以为我们只是来帮父亲干活的，就给我们量出了10米，那是一个人的工作量，干完了就能挣到10块钱。父亲说："我们三个人哩！"包工头问父亲："孩子能受得了吗？"父亲拍拍胸脯说没问题。包工头想了想说："那就给你们20米吧，总不能把孩子累坏了。"

那天，我和哥哥的手都磨出了血泡，累得直不起腰来。包工头为我们划的线已经近在眼前了，可是干起来却像天涯那么遥远，怎么干也干不到头。父亲挥汗如雨，像马拉松运动员一样朝那个终点努力冲刺。终于，那个考验我们劳动极限的界线被父亲的铁锹铲破了，我和哥哥一屁股坐到地上，如释重负。可奇怪的是，父亲并没有停下来，而是催促我们起来，非要多挖出半米来。我们有些不解，别人干的都是正好的，1毫米都不多挖。

"为什么要多挖半米？"看到那些干完活的人坐在那里眯着眼抽着烟，等着包工头来验收给工钱，我终于忍不住问了父亲。母亲来送饭时，也埋怨父亲："干吗多挖半米，白挨累。"

父亲没有回答，仍旧奋力挖着沟渠。我们知道父亲的脾气，不敢再多言语。

就这样，每天我们都要比别人多挖出半米来，我和哥哥咬牙坚持了

10多天，挣钱的同时也积攒了一肚子对父亲的怨气。

有一天，包工头给过我们工钱后，让我们到他的临时办公室去一趟。父亲开始忐忑不安起来，仿佛自言自语地对我们说："看来咱爷仨的活干不长远了。"

父亲的担心不无道理。看到挖沟渠来钱快，邻村的壮劳力也纷纷过来报名，自然是要挤掉一些人的。我们随父亲去了包工头那里，父亲很紧张，生怕他的担心变成事实。

包工头问父亲："我发现你们总是比别人多挖出半米，为什么？"父亲老老实实地回答说："这年头，找个活不容易，我寻思多干点，这饭碗就能端得长远点，孩子也能继续念书了……"

父亲的话让包工头笑了起来。在此之前，我几乎没有看到过这个干练的中年男人笑过。他向父亲伸出了厚实的手掌，对父亲说："我姓刘，以后叫我老刘就行。"

是父亲的坦诚和老实得以让我们继续端住了手中的饭碗。工地上每天都在减人，每天都有新的劳力来，而我们爷仨却始终站住了脚跟。我和哥哥不仅挣够了自己的学费，还有了些结余。父亲叫我们用剩下的钱为自己添些文具什么的，我和哥哥高兴坏了，去书店买了几本梦寐以求的课外书。

那些受过的苦累，早已忘得一干二净，对父亲的怨气不但消散一空，而且还变成了感激。到现在，我还珍藏着那两本用自己的汗水换来的书——《高尔基短篇小说选》和《鲁迅选集》。那是我汲取到的第一滴文学雨露，它使我受益匪浅。

后来，老刘有一个更大的项目急着去承包，他想找个帮手帮他打点这里的活。说来奇怪，他竟然想到了父亲。父亲低着头不停地搓着手憨憨地问："俺行吗？"老刘学着父亲当初为我们下保证的腔调拍拍父亲的胸膛说："没问题。"父亲笑了："那俺就试试。"

父亲的坦诚和一丝不苟的认真劲儿这下子可派上了用场，他把老刘交给他的活打理得有声有色。

我们庆幸自己挣够了自己的学费，没有辍学。哥哥后来考上了一所名牌大学，成为我们村的骄傲。而我因为看了那两本用自己的汗水换来的书，开始喜欢上了写作，作文总是被老师拿来当作范文给同学们读，再后来，我就开始发表文章了，文字成了我生命中不可或缺的血液。

而父亲呢，因为老刘要去南方发展，他把本地的活都交给了父亲来做，父亲渐渐把工程做大，在我们这一带竟然已经小有影响了。他和老刘也成了最要好的朋友，常常在夜里没完没了地煲"电话粥"。

而这所有的一切，均源于父亲那多挖半米的劳动。

你对抗苦难的方式，决定了你会成为怎样的人

有这样一个女人，她大胆地向世人展示着“伤疤”，获得了人们的掌声和鲜花。

她 4 岁时得了肿瘤，11 岁时腿上长脓肿，12 岁时发现得了脊柱侧弯，13 岁时在脊椎里埋植了两根钢条。之后她又因为颈部椎间盘突出、肩膀二头肌腱炎等病症多次手术。至今她都不能弯腰，也无法像其他女人一样风情万种地扭动身体……从 4 岁开始，她的身体就出现了太多常人无法面对的问题。“伤痛从来就没有消失过，我只是习惯了而已。”——她习惯了一种时刻与伤痛斗争的生活。经常疼痛涌上来了，她没有任何办法，只能照样穿好衣服，看看当天的训练和比赛安排。“活下去就是成功。”她总是这样告诉她的家人。

13 岁时她第一次做脊椎手术，在背部植入了钢条和金属支架。从那以后，她便开始蓄起了长发，不为别的，只为遮盖手术后背部的伤疤。“伤疤不会消失，它一直在那里。它是我的弱点。”她每每想到自己的伤疤，

都会情绪低落，她说，“我对我的背部很敏感，哪怕有人站在我背后，我都会有不舒服的感觉，我吃饭的时候也会选择背对着墙。我不知道这是为什么。”

“她总是场上最抢眼的女人。”BBC 的专栏作家詹姆斯这样说。黑色的披肩长发、黑色的无袖上装、黑色的特制手套和紧身皮裤、黑色的尖头高跟鞋——这样的亮相与其说是“扮酷”，不如说是掩盖缺陷。“我现在的气质和性感，都来自艰苦的台球训练，它是感性的、技术的、有风度的一种运动，我喜欢，所以我一直做到现在。”在与病魔抗争的时间里，她遇到了丈夫乔治·布里勒夫，那时她 25 岁，打球 7 年，她明白了家庭也是女人生命中很重要的部分，当然，这丝毫不影响她在台球桌边继续辉煌。

然而，就是这个对自己的伤疤讳莫如深的人，却做出了一个惊人的举动。最近一本世界闻名的时尚杂志推出了一系列明星们的最新写真，她终于不再为自己动过手术的身体而难堪，一头黑色长发也悄然挽起，她大胆地向世人展示了她的伤疤。

当记者问她为什么有勇气将自己的伤疤暴露给大家看的时候，她说，每个女人都会有自己的伤疤，有的在身体上，有的在心里。苦难并不可怕，如果你驾驭和征服了苦难，苦难就会是一条项链，使你变得更美丽。

她就是那个深受球迷喜爱的女子台球世界冠军，在台球桌前意气风发、光彩照人的“黑寡妇”——珍妮特·李。

坊间盛传她连续练球37个小时直至被送进医院，用塑料胶带夜以继日地固定手型等难以想象的事都是真的。每天晚上上床前，她光是上药就需要一个小时，还要让丈夫帮她按摩。“我只是想和我的家人一起享受台球和运动的快乐，因为我必须做好，做给每一个不幸的人看：李，你是好样的！”她没有跌倒，反而在艰辛中一次次站起来，这让她的意志和信念磨炼得比钢条和金属支架还坚强。

于是，我们看到了她的成绩：在美国女子职业台球联盟（WPBA）征战不到一年，便成为世界十位顶尖女子职业球手之一。1994年，她在赢得巴尔的摩锦标赛、华盛顿锦标赛两项八球比赛冠军后，又捧回一座座花式九球比赛的奖杯。1996年赢得年度WPBA冠军，成为世界第一。作为一名亚裔台球选手，这项荣誉来之不易。到目前为止，她已是女子花式九球项目的世界级偶像和符号。

黑色让她美丽，而苦难让她超越了美丽。

感谢上帝，没有给老虎插上翅膀

19岁那年，我高考落榜。在那个灰暗的日子里，我整天蜷缩在家里，无所事事。生活仿佛走进了死胡同，青春的一切美好都离我远去，包括那些曾经令我热血澎湃的梦想。

我像一个输光了一切的赌徒，一夜之间变得一无所有。巨大的空虚吞噬着我，我的灵魂飘忽不定，居无定所。

我开始自暴自弃，妄图毁掉生活中一切完美的东西。每毁灭一样东西，我都会幸灾乐祸，扬扬得意。母亲苦口婆心的劝说于我形同虚设，父亲的严词厉语也没有丝毫作用，他们渐渐对我生出绝望之心。

二龙家的玻璃是茶色的，很漂亮，我就让它碎几块；冬子的山地车很酷，我就常常放它的气……我活得不自在，你们也别太快乐，这就是我当时唯一的想法。

按理说，比我惨的人很多，比如隔壁的四虎就是个彻头彻尾的倒霉蛋。他一年前在建筑工地被重物砸断了右腿，一辈子再也离不开拐棍了。刚住了几天院，包工头就迫不及待地给了些补偿金，打发他回家。在回家的路上，他又被劫匪抢走了藏在内裤里的钱袋，最后靠要饭才回到了家。可是倒霉的事情还没结束，回到家后他发现家里冷冷清清的，原来，他的老婆早已经另谋出路去了。

于是，取笑这个倒霉蛋，便成了我每天的必备节目。有时候，我会趁他睡觉的工夫把拐棍偷走，让他求我，这样我就可以要求他给点"小费"买皮蛋吃。我也知道，他靠编筐挣点钱不容易，可是自己就像潘多拉盒子里跑出来的魔鬼一样，每天不停地在他身上搞着恶作剧。奇怪的是，他竟然不和我生气，总是那么笑呵呵地"哀求"我把拐棍还给他。他这宽容的后果，就是让我变本加厉地坏，恶魔在心底似乎根深蒂固了。

和我相反，他的院子每天都很热闹，人们喜欢到他那里，和他聊天。他一边编筐一边和人说笑，脸上看不到一丝悲苦。我就对他说："你都残疾了，老婆也跟人跑了，你怎么还笑得出来？"没想到他语出惊人："老天爷不给你碗，你难道就不吃饭了吗？"

我知道，我说不过他，也没办法打击他，他似乎是一个麻木的人。

但事实很快证明，他也有情绪低落的时候，因为我看到了他的眼泪。

那天，我听到他吹起了笛子，尽管依旧是欢快的曲调，却给人一种忧思。一只鸽子飞到了他的房顶上，那是他曾经养过的一只鸽子，灰白相间的鸽子，他认得，丢了很久之后又飞了回来。我用石子打它，却怎么打也打不走。这一次他是真的急了，冲我大喊，让我不要打走它，我看到了他的眼角潮湿，亮晶晶的液体流了出来。于他，那是多么珍贵的珍珠啊。我竟然被他吓了一跳，从来没看见过他这个样子。我躲进屋子里，看见他把自己吃的米拿出来撒到地上，慈爱地看着他的鸽子在那里一粒一粒地啄着。然后，他就开始给鸽子做起窝来，一边做一边哼哼着难听的小曲。我想一定是这只鸽子勾起了他的伤心往事，又或许他是在想，老婆会不会也像这鸽子一样，失而复得呢？

四虎依然那样快乐地生活着，他的院子里依旧热闹，鸽子也是上下翻飞，自得其乐。除了那个小小的"插曲"外，看不到他有一丝异样。但就是这个小小的细节，让我窥见他的精神世界。他不是不懂得疼，而是在用乐观消解着那些疼。

那些天，我的耳畔反反复复都是他的话：老天爷不给你碗，你难道就不吃饭了吗？

他是一个多么值得敬佩的人。我第一次有了这样的想法，并且开始为自己的种种行为感到可耻。我不再捉弄他，在一个晴朗的早晨，搬来一把梯子，偷偷把他做的鸽子窝放到了他家的屋檐上。

父亲多次让我去他工作的工厂实习，我都不去，但那天晚上，我主动提出来要去上班。父母都很讶异，父亲还主动拥抱了我。

非洲有句谚语说："不要抱怨上帝创造了吃人的猛虎；相反，我们应该感谢上帝没有给老虎插上翅膀。"

非洲人相信命运，按照他们的说法，如果你运气好，打猎的时候"那该死的猎物连你的咳嗽声都听不见"。如果走了背运，连头顶上的水罐都会无缘无故地裂开。不过，他们对此依然表现得异常乐观。

他们会说："如果头顶上的水罐裂了，那就趁机洗个澡吧。"

按照这个逻辑，我是不是可以这样理解我现在的处境呢：你没有车子，意味着你还有太多的车子可供挑选；你没有工作，意味着你还有太多的工作可供应聘；你没有房子，意味着你还有更漂亮更舒适的房子可供选择……你一无所有的同时，也意味着你拥有一切。

所以，不管生活多辛苦，都笑笑吧！哪怕只是为了抚慰一下你的灵魂也好。

早上照镜子的时候，我发现自己又会微笑了。没上大学，也不是绝路，只不过换了一条道路而已。父亲骑着老旧的自行车，我坐在后面，竟然轻轻哼起了小曲。估计和四虎哼的一样难听，要不然父亲怎么会在前面笑个不停呢！

那天夜里，我梦到了上帝。他有些措手不及，他无论如何也想不到，我这个连他都无力改变的不可救药的人，怎么转眼像换了个人似的？这个终日里对我摇头叹息的小老头儿，终于咧开嘴龇着牙笑了。

令我惊讶的是，他笑的时候，竟然和四虎一模一样。

人贵有知人之明

古语有云：人贵有自知之明。

在我看来，自知难得，知人更可贵。因为千里马常有，而伯乐不常有。

有知人之明，可以慧眼识人。汉高祖刘邦曾说过，筹集粮草，安抚百姓，他不如萧何；运筹帷幄，决胜千里，他不如张良；指挥千军万马，克敌制胜，他不如韩信。然而他的长处在于使人才各尽其所，知人善任，终于开创了汉室四百年江山的伟业。在他看来，每个人都是一座宝藏，去开发别人的宝藏远比开发自己的宝藏要艰难得多，也快乐得多。

有知人之明，可以斗智斗勇。诸葛亮了解司马懿生性多疑的性格，以一座空城、一把三尺瑶琴吓退数十万敌兵，传为千古佳话。

有知人之明，可以明哲保身。范蠡深知“狡兔死，走狗烹”，知道勾践“只能共患难而难共欢乐”，所以他选择了功成身退，隐迹江湖，四海为商，得以善终。同样功高盖世的文种，却不知道“伴君如伴虎”的道理，最终被勾践所杀。

有知人之明，便可以更好地为顾客服务，这是现代商业社会遵循的一条成功准则。IBM 创始人老沃森年轻的时候，奔波于纽约州北部，四处兜售钢琴和缝纫机，在多年的销售中，他深刻地领悟到顾客到底需要什么。他说，如果客户需要一把锤子，你却给他拿来了一把斧头，那客户一定会不满意，如果你能给客户一把方便耐用的锤子并免费赠送一盒钉子，相信你的客户一定会记住你，并极有可能会再次光顾你的生意，因为你的服务已经发挥了作用。

有知人之明，可以传递善良，因为知人也可以解释成对别人的一种关心、一种爱护。一个护士，知道用哪种打针的方式可以最大限度地减轻病人的疼痛；一个老师，知道在其他人走掉之后才去惩罚犯了错误的孩子；一个警察，知道在给一个小窃贼扣手铐之前套上他的手套……有知人之明的人，探知到别人的寒冷，会送去一盆炭火；有知人之明的人，探知到别人的疼痛，会递过去一块柔软的手帕。这样的人，让人温暖。

人贵有知人之明。如果在你自己的心底挖到金子，那么，在别人的心底，就有可能探出钻石。

安逸不是享受，而是在悄悄地毁掉你

1945年的夏天，正在自家果园里散步的男爵发现一个偷水果的男孩，立即追打。争执中男孩的头撞到石块，当场气绝身亡。更不幸的是，这男孩原来是当地黑手党头目的儿子。

男爵感到大祸临头，逃避是不可能的。他清楚地知道就算自己能藏身在老鼠洞里，黑手党的人也可以把他挖出来。恐惧像密不透风的墙，横亘在他眼前。灿烂的阳光，照不到他乌云密布的心里。他忧心忡忡地等待着他们对自己的审判。

黑手党头目来的时候，他感受到了世界末日般的恐慌。然而令人意想不到的是，他们竟然同意免男爵一死，但是提出要剥夺他10年的人身自由。男爵喜出望外，要知道，能从这些杀人不眨眼的黑帮手里捡条命回来，已是天大的奇迹了，别说10年，就是一辈子没了自由也心甘，毕竟自己还可以继续活着。

他们允许男爵自己选择一个被监禁的地方，要等到10年后，才能重新获得自由。

他的财产，他们分毫未动。于是男爵为自己选择了意大利西西里岛上最豪华的棕榈大酒店，并拿出一部分财产将套房改装成世界上最舒适的监狱。他每个月在宽敞的客厅里开两次舞会，邀请作家、演员、政治家、艺术家和电影导演为座上客。他不能走出门去看整个世界，索性就把世界叫到面前来看。虽然每天都有黑手党的耳目监视他，但他生活得很滋润，奢华而安逸。

他特殊的派对生活被人津津乐道，人们都知道，西西里岛上有个最舒适的监狱。他想那个黑手党的头目一定后悔他做出的这个决定，因为在这里，他没有感到一丝痛苦，相反却体验到了人生中从来不曾有过的快乐。虽然这个监狱像个牢笼，但他却乐在其中，他已失去对外界的兴趣，甚至想不到还有什么比待在这个牢笼里更惬意和舒心的事情了，他可以什么都不去想，只顾吃喝玩乐。那些监视他的打手们更是疑惑不解，想不明白这到底是对他的惩罚还是对他的奖赏。

10年来，世界变幻莫测，发生了很多变化。只有他的生活一成不变，在一方小小世界里再三重复着他永不厌倦的觥筹交错、衣香鬓影的生活。

10年期限已到，他用最后的财产举办了最后一次盛大的派对，庆祝自己重新获得自由。这一次，黑手党头目也是被邀请的对象之一。他目睹着男爵奢华的生活，露出一丝不易让人觉察的诡秘的笑。

男爵重新获得了自由，但他的财产却早已被他挥霍殆尽。他想重新开始生活，但是发现自己早已失去了生存的能力。西西里岛上的牢笼，已将他腐化成不会奔跑的行尸走肉。10年奢华安逸的生活，已将他变成了一个寄生虫，使他慢慢失去了最后的牙齿，再也无法咬住和咀嚼生活。

还有什么比让一个寄生虫失去可依赖的东西更痛苦的事情呢？原来，对他的惩罚才刚刚开始，西西里岛上的10年时间，都是为这个惩罚做的铺垫。

他的生命所剩余的时日，才是他真正的监狱生活的开始。

没有失败过的人生潜藏着危险

靠海边有一个村子，村子里的人靠出海打鱼为生。有一户人家，男人在 10 年前出海遇难，只剩下母子俩相依为命。生活要继续，儿子长大了就必须出海。母亲每天都替儿子祈祷，保佑他每一次出海都能一帆风顺、平平安安。或许是母亲的祈祷感动了上天，果然，只要是他儿子出海的日子，就是晴空万里、风平浪静。人们都认为他是个福星，所以都纷纷打听他要在哪天打鱼，然后便跟着在这一天出海，因为他们相信他能为他们带来好运。

时间长了，他也认为自己是福星，但是险情终于还是发生了。

他碰到了一次风暴。由于一直都没有遇到过风浪，他根本不知道该如何应对。甚至，他连救生圈都忘记带上了。除了祈祷之外，他什么都做不了。他只能蜷缩在船舱里，任凭风浪把他吞噬。好在一起出海的人把他救起，他才幸运地捡回了一条命。

活得太顺利让他失去了警戒之心，忽视了对灾难的防范，而灾难一旦降临，便会使他措手不及，甚至丧命。

所有的人都认为，最好的人生是没有挫折，一路坦途——考上大学，分配到好工作，不停地升官加薪，顺风顺水。但这可能吗？行船的人都知道，一年平均下来，有多少顺风，就有多少逆风。人生不也是这样吗？总体平均下来，有多少成功，就有多少挫折。你想成功吗？那么就别怕挫折。你怕挫折吗？那就不要期待成功。一家公司招聘员工，一位高才生去应聘，发榜后，见没有自己的名字，便跳河自杀。后来发现他考的分数是第一名，公司在抄分的时候抄漏了。高才生跳河被人救起，闻知自己是第一名便去报到，老板却无论如何也不肯录用，高才生很不理解，老板说："遇到这么一点挫折便要跳河，当公司遇到更大的挫折时，你怎么办？"

那位高才生之所以要自杀，就是因为他曾经遇到的一切都是那么顺利，从小就活在让人羡慕的环境里，他想要得到的几乎都能得到，一帆风顺养成了他与生俱来的骄傲，而这颗骄傲的心也是最脆弱的，哪怕仅仅是从手中不小心的掉落，也会使他粉身碎骨。

生活中这样的例子数不胜数，从贫苦和逆境中成长起来的孩子，比那些温室里长出来的花朵们更容易成功。因为他们在苦难中摸爬滚打，在苦难中注射了补钙针，所以他们筋强骨壮、意志坚定，也能适应种种恶劣的环境。

一帆风顺是一种美好的祝愿，但有时候，它是另一种意义上的挫折，甚至是更大的挫折。

没有不能快乐的人，只有不肯快乐的心

周末的时候，我路过一个电话亭，看到一个农民工在那里打电话，由于大街上喧嚣吵闹，他不得不拿着话筒用方言大声地喊着："老婆，我好着呢，吃得好睡得好，穿得也好。大城市真漂亮……"与此同时，我看到了他另一只脏兮兮的手上握着的两个馒头。那是他的午餐，我看到他正狼吞虎咽地吃着，吃得很香。

阳光下一群工人在做着他们的活计，大汗淋漓，他们有一句没一句地开着无伤大雅的玩笑，手上忙碌着，心里简单着。这种室外的工作是令人愉快的，很难有人在春天的阳光下在一群人之中冥想自己的烦恼—— 一件工作有时会因为它的环境变成一种享受，特别是当人们处在大自然中时，头上的树木正在发芽，身边的地上落满了柳絮，他们呼吸着植物在这个季节特有的涩香的味道，阳光轻柔地抚在他们身上，而他们的工作又并不烦琐。在这时，谁知道他们是否会有一种温煦的陶醉呢？仿佛世外桃源里的生活，他们只是一些"不知秦汉，无论魏晋"的逍遥的人。

这些快乐的人让我想起了兰表姐。

姑妈家的兰表姐是我们家族里的第一个大学生，一直都是我们引以为豪的榜样。读大学的时候，她是班级里家境最为贫寒的一个。衣服轻易不买件新的，饭菜从来舍不得买贵的。但是爱笑的兰表姐始终快乐着，脸上全是对未来的憧憬。

临毕业了，兰表姐处了隔壁大学的一位男同学做朋友，那男生家在外省的农村，家里也很穷。姑父知道兰表姐处男朋友的消息后，几经辗转去了那同学的家乡。姑父是悄悄去的，那时候男同学家的院子里正凌乱地荒凉着，草房子的房顶上茂盛的野草正肆意地迎风摇曳。姑父的心当时就凉了半截。回来后，他对兰表姐说的第一句话就是："咱家就够穷的了，你怎么找了个比咱家还穷的对象啊？"

但这并没有阻止兰表姐的爱情。在亲人的反对声中，他们结婚了。新房是一间租来的房子，冬天的屋子如一座"水晶宫"，到处是亮晶晶的冰霜，沁着凉气。表姐夫去山上砍了一大堆湿木头，守在炉子边上，不停地拨弄着，试图为贫穷的生活拨弄出一些希望的火苗来。可那些木头很湿，屋子里弥散着浓烟，呛得他们不停地咳嗽。即便是在那么不堪的环境里，兰表姐的嗓子里，依然哼着快乐的曲调。用姑妈的话讲，兰表姐的心很大，大得有些"傻"。

兰表姐和姐夫起初一直没有找到合适的工作，他们就临时去附近的啤酒厂刷酒瓶子，两个人在冰冷的车间刷了一天，脚上的鞋子都冻了，终于挣到了他们结婚以来的第一笔工资——15 块 5 角钱。他们用这些钱犒劳了自己，买了肉和芹菜，包了饺子，然后就听到两个人在那个快乐的傍晚不停地打着幸福的饱嗝。

我是在兰表姐最困难的时候见到她的。姑妈虽然生气兰表姐不听父母的忠告，结婚后一次都没有去看过她，但心里总是惦记的。正好那时候我读初中，在姑妈家借住。姑妈就趁我放假的时候让我带上一些钱去看看兰表姐。见到兰表姐的时候，我着实是大吃了一惊的。之前我从姑妈口中略知了一些关于兰表姐的生活状况，但没想到会这样糟：低矮破旧的屋子里一贫如洗，看着让人直想落泪。但就是那样贫穷的地方，到处却是干干净净的，尤其是床上，洁白得有些耀眼。窗台上一盆野菊花开得正艳，给他们凄楚的生活带来了黄灿灿的希望。

兰表姐没有钱买菜，就让姐夫做了个筛网，领着我去小河边捞泥鳅。我们一边说笑一边捞，捞了整整一个上午，结果只捞上来 11 条小拇指那么粗的泥鳅，外加一只蛤蟆。兰表姐喜滋滋地捧回去，生了火，为我做了酱泥鳅。那是我吃过的最好吃的穷人的佳肴。

我哽咽着，眼泪在我的眼圈里直打转，兰表姐却快乐地对我说："等你再来，姐一定请你吃大馆子。"她说困难是暂时的，她说曙光在前头。

贫穷一点都没有夺走她快乐的天性。

后来兰表姐和姐夫双双考上了公务员，领着令人羡慕的工资，想起这段曾经贫寒的过往，兰表姐倍感珍惜。每当我的生活现出窘境，在QQ里和兰表姐诉苦时，她总会拿她的这一段过往说事，以至于她的这段经历成了我们“家喻户晓”的教科书了。

“看到天上那轮窄窄的下弦月了吗？那就是你不圆满的人生，但是，你看它依然明亮着，从不蹙紧眉头，它会乐观地生活，直到把自己走成上弦月，向着那份圆满走去。”不愧是有文化的兰表姐，说的话总是那么有诗意，而且让我的心一截一截地柔软下去。

兰表姐说：“月亮再弯，亮着就好。”

「别为了不属于自己的观众，
去演绎自己不擅长的人生」

3

这个世界不缺善良，缺的是原则

我有一个彩迷朋友，中了100万的大奖。这是个大喜事，可是他却高兴不起来，和我诉苦。他说他的亲戚朋友听说他中了奖，纷纷寻了些苦处来向他借钱，他为人仗义，有求必应，算了一下，已经有一多半的奖金被他“施舍”出去了。按理说亲戚朋友借了他的钱应该会感激他吧，结果却恰恰相反，亲戚们电话不来，朋友们疏于问候，有时候在路上见到都想办法要躲着他。这令他脊背发凉，十分不解，这好人做得怎的就像个坏人？

他感慨地说：“人心不足蛇吞象，你借给他一千，他想着一万；你借给他一万，他想着十万。人心啊，真是永远填不满的沟壑！真是应了那句古话，‘送人一斗米是恩人，送人一担米是仇人’啊！”

“或许还有另外一种情况，”我开导他说，“因为你平素里就是个豪爽的人，很多人受过你的恩惠。如今，你一掷千金，更显得豪气干云。可是你想过没有，借你钱的人有可能是个极穷的人，一时半会儿还不上你的钱。受恩小，便还得起，会铭记在心，但如果受恩太重，很难还甚至根本还不起，就会内疚，那么就会选择逃避你这个恩人，就容易‘忘恩负义’。”

朋友点头称是，虽然依旧不快，但总算解开了心结。

《红楼梦》里，薛宝钗容貌好，品格好，性情好，样样都好，按理应该有很多朋友，可是，大观园的姐妹们寂寞了倒更愿去黛玉那里玩耍，却从不去宝钗那儿玩闹。

宝钗无友，一个主要的原因就是宝钗的“帮助别人，不求回报”。宝钗是个热心人，别人有困难她都会出手相助：帮史湘云办螃蟹宴；给黛玉送燕窝；偷偷地将岫烟所当的棉衣拿出来还给她；宝玉挨打后她又带来了治伤的药……她帮助别人实在太多了，却从不求回报，别人也没有机会回报给她。所以，时间一长，大家就会对这个热心的好姐姐敬而远之，只是为了不想欠她太多。

美国政客克里斯·马修斯在他的名著《硬球》中写道，如果你想让一个人记得你，最好的办法不是给予他什么，而是求他帮你一个忙。因为人们都不愿意亏欠于人，所以如果你帮他太多，他会倾向于忘记你，但假如你亏欠于他，那么他会一直记得你。

恩太大，就会如一座山压垮一个人；恩太重，就会如一个巨大的十字架，让灵魂负累。

慈悲之心是人间大善。但过于慈悲，便有了纵容的嫌疑。于此，施人以恩也须有个度，让那恩成为别人雪中的炭，而非别人心头的十字架。

做更好的自己，
才会遇见更好的别人

混迹社会久了，会发现有那样一种人，人气很旺，总是有很多人愿意聚拢在他的身边，使他总是不自觉地成为一个圈子的中心。有时候不免会生出疑惑：这些人为什么会是社会的“宠儿”，得到那么多人的拥护呢？

大罗就是这样一个曾经让我疑惑的人。如果放到古代，我相信，他就是仗义疏财的及时雨宋江。

那年我刚刚下岗，待业在家，成天无所事事，沾染上了嗜酒和赌博的恶习，并一发不可收拾。胃喝坏了，钱输光了，几年来辛辛苦苦攒下的家底被我挥霍一空，妻子为此嚷嚷着要和我离婚。当时我的心里只有一个念头，想办法借到一笔钱，然后豪赌最后一次，把输的钱都捞回来。

我谎称买车跑运输，向朋友们开口借钱，几个朋友都是穷光蛋，但江涛透露给我，说他有一个叫大罗的朋友家里很有钱，人也很仗义，不如让我碰碰运气。

我和大罗不认识，根本没抱什么希望。可是他听说我是江涛的朋友，毫不犹豫地借给了我一万元。那个时候，一万元不是个小数目，他这么信得过我，让我心里不禁闪过一个念头：不如真的用这钱去做点买卖吧，本本分分地干活挣钱。可是最后，好赌的欲念还是战胜了理智，我又一次坐到了赌桌边，又一次血本无归。

当江涛知道我用这笔钱去赌博并且输得精光的时候，气得要与我绝交。这件事也辗转传到了大罗的耳朵里。大罗通过江涛，约了我见面。我想，大罗肯定是要逼着我还钱了。

令我大呼意外的是，大罗不仅没有逼我还钱，反而又借了我一万块，当时他拍了拍我的肩膀，只说了一句话："你不光要戒掉酒和赌博，还要戒掉酒肉朋友。"

那句话深深地烙在了我的心上。我做到了。我洗心革面，用这笔钱在院子里盖了猪舍，还买了几头猪回来。我踏踏实实，埋头苦干，只用了一年的时间，就把欠大罗的钱还上了。大罗只收了本金，把利息退给了我。

"留着吧，用这个可以再抓几个猪崽儿。"大罗说。

我感动于他的热心、他的亲和、他的豁达，那一刻，我在心底对自己说，我会用一生去结交这样的朋友，而远离只会让人堕落的狐朋狗友。

听过一节人生讲堂，老师在台上讲解关于做人的魅力方面的内容，她拿一块玉做比喻。

她把一块玉放到桌子上，然后把所有的灯光都关掉，拉开身后的窗帘，白花花的月光照进来，把那块玉照得愈发晶莹剔透。我们不禁惊呼那块玉的美。

这时，她取出一个纱网，把那块玉罩住。玉的光芒一下子黯淡下来，月亮似乎也不再如刚才那般明亮。

老师说：“每个人的心都可以是那样一块玉。只是有一些玉的斑痕太多，比如嫉妒、怨恨、猜疑、小气等，都是这块玉上的疤，会挡住玉的光芒，就像被纱网罩住了一样。所以，它引来的月光自然就少了许多。”

我豁然领悟，大罗不就是一块活生生的光洁的玉吗！我理解了，为什么大罗的身边会有那么多的朋友，就像宋公明凭借自己的人格魅力，聚集了一百零八个忠肝义胆的兄弟一样。大罗的朋友几乎涵盖了所有的阶层，有上流社会的，也有底层普通百姓，但那些朋友都有一个共同特点：干净、正派。

我想，这都要归结于大罗的人格魅力吧。每个人都可以是一块玉，你的内涵、你的修养决定了你的光润程度。大罗给我做了一个榜样，让我也致力于做一个有人格魅力的人，用身上的光泽去感染人。

朱德庸说，好朋友两个就够了，一个肯借给你钱，另一个肯参加你的葬礼。是啊，很多自认为朋友的人，其实更像是旅伴，只要彼此方向或步调不一致，他们就会渐行渐远。做好自己的本分，真诚坦荡，卓尔不凡，自然会有优秀的人走过来与你结伴同行。

如果你心生莲花，呵气如兰，那些乌烟瘴气自然会躲着你，无法侵袭你，聚集在你身边的，自然也都是充满香气的人。

因为最好的玉引来的，是最美的月光。

不要习惯了接受，就忘记了感恩

充满善意的心灵是可贵的，而那些对你的小小善举报以微笑的人，是可爱的人。

暑假回家的时候，我在公共汽车上一共给 5 个人让了座，这其中有 3 个老人、1 个抱孩子的人和 1 个拄着拐杖的人。但让我闷闷不乐的是，除了那个抱孩子的和 1 个老人说了声谢谢之外，其他 3 个人都像是我欠他们似的，理所当然地坐下，对我的善意熟视无睹。

回家和母亲充满怨气地说起这些事情的时候，母亲笑着问我："那以后遇到有难处的人你还帮不帮啊？"我不置可否。母亲说："对人施以援手是我们的事，别人是否感恩是他们的事，难道你在做那些事情的时候是想让别人来感激的吗？"听了母亲的解释，我的心释然了。

母亲是个热心肠的人，被她帮助过的人数不胜数。用母亲的话说，那不过是一个个举手之劳罢了。

母亲说，有一次在大街上，她看到一个老人推着三轮车在沿街叫卖，三轮车上装着满满的蔬菜，推起来有些吃力。在路过一个上坡的时候，老人使出全身的力气推着车子，但车子太过沉重，眼看就要退回来了。母亲远远地看到，就一路小跑着过去，帮着老人把车子推了上去。

“他也是一个谢字都没说，”母亲说，“可是他把车子停稳当了之后，从后面撵上我，手里捧着几根水灵灵的黄瓜，非要我拿着，他说那是自己园子里种的，没有化肥，好吃。我推脱着不肯要，老人竟然挡着我的路，硬生生地往我手里塞。我知道我不能再推脱，因为我实在不能拒绝一颗感恩的心。”

上高中的时候，我的一个同学家境很困难，自幼丧母，父亲又体弱多病，而且在他第一次参加高考前一两个月时去世了。

第一年高考，他落榜了。他选择了复读，然而，第二年高考，他依然名落孙山。他复读第三次的时候被分到我们班，班主任知道了他家的情况：父母亲全都去世了，只有一个小他两岁的弟弟，在南方打工，挣了钱寄给哥哥，让他读书考大学。

班主任知道后大为震惊。第二天，他就发动了许多老师和学生为这位同学捐款，而且自己也捐出不少的钱。当班主任把一大把钞票递给那位同学的时候，想不到他将钱接了过去，然后狠狠地砸在了班主任的脸上，接着转过身去，一步一步地离开了，连头都没有回一下……

我们全都被那位同学的举动震惊了，然后就看见班主任的眼中泛着泪光，用一种难以言说的目光望着那位同学离去的倔强的背影……

对那位同学的骨气我非常佩服，但对他的做法却很不赞同。他认为这是一种伤害他尊严的怜悯，但他有没有想过，这份怜悯里凝聚了多少人的爱心，他将别人的爱心推向了悬崖。

我认识一位朋友，他是一个残疾人，所以经常碰到一些出于怜悯而给予的帮助，他大都礼貌地拒绝了。拒绝之余，他仍然不忘记真诚地感谢别人的善意。他说："不管出于何种原因，别人的怜悯终究是一种良知，是一种善意，是一种美德，是一份真诚。我们接受也罢，拒绝也罢，至少我们应该以一种感恩的心情去面对别人的关切，并真诚地给予回报。"

是啊，你可以不高贵，但你一定要有感恩的心。它如同一块香料，揣着它上路，会让你的心时时刻刻盈满暗香。

如果你是一朵花，请感恩阳光；如果你是一颗果实，请感恩秋天；如果你是一只鸟，请感恩天空；如果你是一尾鱼，请感恩海洋……

追名逐利，
不如养心怡情

刚步入社会那年，我先后认识了三个挺谈得来的人，但后来只与其中一人交了朋友，一直保持至今，且热情不减。

第一个人，为了一个饭局，打电话给生病的父亲，说自己在单位加班。就因为这一个举动，我对他渐渐冷淡了，一个对自己的父亲都能如此冷漠的人，对朋友也不会心热到哪去吧。

第二个人，在我们为一场球赛打赌的时候，他不惜拿自己的妻子做赌注。一个连结发之妻都不珍惜的人，也断不会为了朋友奉献点什么吧。

第三个人是个孝子，对妻儿也疼爱有加，更主要的是有一次在路上，遇到陌生人的求助，二话没说，慷慨解囊。我问他，就不担心是骗子吗？他说万一不是骗子呢？那岂不是让人家寒心？单凭这一件事，我就决定交下这个朋友。事实证明，我的选择没有错。

弘一法师说："不近人情，举足尽是危机。不体物情，一生俱成梦境。"

用通俗的话讲，就是不懂为人之道，做事必然举步维艰；不循万物规律，一生必将终无所成。

想想我这位朋友算得上是“尽人情”的典范了。对父母尽孝道之情，对配偶尽执手之情，对儿女尽养育之情，对朋友尽知己之情，对恩人尽涌泉之情，对穷人尽怜悯之情，对路人尽礼让之情……凡此种种，皆是人之常情，尽心去做，便是为自己铺就一条坦途。反之，便是失道寡助，前路渐窄，并落得不忠不孝、背信弃义的坏名声。试问，谁还会喜欢与这样的人为伍？

尽人情，就是尽力去做一个有人格魅力的人，一个闪光的人。这样的人，身边自然高朋满座，贵人盈门。体物情，说白了，就是尊重万物，顺其自然。万物自有规律，不要轻易违逆。别要求土鸡变凤凰，气质不行，就别强求去做形象大使；别要求乌鸦变百灵，嗓音不好，就别逞强去做歌星。三百六十行，行行出状元，找准自身的优势，合理利用，定有出人头地的一天。

人生路短，与其费尽心思追名逐利，不如顺其自然养心怡情。

你是独一无二的、尊贵的你自己

斯皮尔伯格导演的影片《紫色》，有一个镜头让我久久难忘：黑人妇女索菲娅为了维护自己的孩子，在集市上对白人说，“请你向我的孩子道歉”，却被白人一枪打倒。

在我看来，索菲亚是一只黑色的蝴蝶，她死于种族歧视，也永生于勇敢和尊严。这只蝴蝶，不论肤色如何，都是美丽的。

痛苦、希望、觉醒，就像紫罗兰一样，看似毫不起眼地开在原野上，但一簇簇组合起来，就会形成一块绚烂的铺满了鲜花的地毯。

无数只像索菲亚一样的黑色蝴蝶，在争取尊严的路上，铺成了鲜花一样的地毯。

契诃夫 19 岁那年，给弟弟米沙写了一封信。契诃夫表扬弟弟“你的字写得很好，在信中我没有发现一个语法错误”，但是，“为什么你称自己是‘一个微不足道的渺小的弟弟’呢？你意识到自己渺小？弟弟，并非所有的米沙都应该是一模一样的。你知道吗，应该在什么地方意识到自己渺小？那应该是在神和智慧、美和自然的面前，而不是在人们面前。在人们之中你应该意识到自己的尊严……你要记住，诚实的小伙子可不是渺小和微不足道的”。

契诃夫出身于一个破产的三等商人家庭，从小就感受到周围世界的冷酷，为了生活不得不向他人乞怜，从而沾染上了“奴性”，但他很早就意识到了这种奴性，并且为克服它而不懈努力：必须“夜以继日地劳动，不断地读书和钻研”，必须有“意志力”，“把自己身上的奴性”“一点一滴地挤出去”。

当他把那些“奴性”挤出去之后，就将完成蜕变，一只尊严的蝴蝶，就会从心中翩翩飞出。

囡囡六岁的时候，相依为命的妈妈患了重病，眼见着时日不多了，只好求自己的妹妹领养囡囡。

姨妈领囡囡走的那天早晨，妈妈把她打扮得像个小公主一样，然后就那么呆呆地凝视着她，甚至都不舍得眨眼睛。割肉一般的疼痛，妈妈也只能忍着。

囡囡不知道自己是与妈妈生离死别，只当是去姨妈家做客，她给妈妈擦着眼泪，她说“妈妈，过几天我就回来啦，不哭不哭”。

妈妈把囡囡抱在怀里，不舍得松手，松开了，世界就进入到无边的黑暗。

姨妈也是含着眼泪，狠狠心，抱起囡囡夺门而出。妈妈忽然想到了什么，喊着等一等。妈妈从柜子里找出一个蝴蝶发卡，很认真地别到了囡囡的发髻上。她不知道囡囡是否听得懂，只是反复地在囡囡耳边交代说，记住，你永远是个小公主，别小瞧了自己！

从此以后，即便寄人篱下，囡囡也永远记得妈妈留下的那句话，永远做个小公主，不能轻贱了自己。

生命若是一棵树，尊严便是深深扎下去的根。唯有尊严，能让你笔直，让你盛放，盈满香气。

那个蝴蝶形发卡，被囡囡永远留在身边，那是妈妈留给她的关于尊严的叮嘱。待她有了自己的女儿，她也会把这个蝴蝶发卡别在女儿的头发上，也会告诉女儿，你是独一无二的、尊贵的你自己。

生活没有你以为的那么好，也没有你觉得的那么糟

换了新房子，母亲从乡下赶来帮忙。搬家当天，刚好6点钟的时候，我和妻子还没睡醒，母亲就已经把电饭锅从旧家搬到了新家。按照习俗，锅里要放上一些高粱或者玉米之类的粮食，以预示日子“节节高”之意。可是当妻子掀开锅盖，看到里面只有一块很小的昨晚吃剩下的发糕时，不禁有些不高兴了。她嘴里不停地埋怨母亲，说母亲破了习俗，担心以后的日子会有诸多不顺。我在心里也直嘀咕：母亲是怎么了？这么大岁数了还不懂搬家的习俗吗？母亲在那里不停地搓着手，像个做了错事的孩子，不知该如何是好。后来我打趣道：“还是妈妈心细，这发糕的意思不就是让我们一边‘发财’一边‘高升’嘛！”听到这样的解释，妻子改怨为喜，还不停地责怪自己错怪了母亲。

不过，我不禁也有些后怕，那万一锅里放的是一块锅巴呢？纵使我有三寸不烂之舌，怕也是无法搪塞过去的吧。

20年后的同学聚会，见到年少时一直暗恋的她，风韵犹存。只是待她一张口，味道全变了。那些脏话从美人的口中冒出来，就像吃着美味，忽然撞见了苍蝇。不禁感叹人世造化，物是人非。

看过一首叫《喂鸽子的少女》的诗歌，甚是喜欢。诗中写道：

残损是生活的宿命 唯你弥补
鸽子飞翔的弧线 切割
铺满苔藓的石头 渗出太阳的血
你的目光是太阳的光辉
生命随之转了180度
少女的忧郁是莫名的
空气清晰起来 你的手指是神的
掂起生活的盖子

诗中的描述是美好的，然而生活远比诗歌要现实得多。

每天擦不完的灰尘，每天数不清的埋怨。和镜子比起来，灰尘似乎更贴近我们的生活。有时候，它甚至可以代替镜子，照出我们的前世今生。

掂起生活的盖子，你或许会看到蒸熟的馒头或包子；掂起生活的盖子，你或许会闻到令人作呕的下水道的味道；掂起生活的盖子，你或许会听到幸福的彩铃；掂起生活的盖子，你或许会漾出欲望的泡沫……

掂起生活的盖子，你看到蜜蜂终日奔忙终日酿蜜，却不占有蜂蜜；掂起生活的盖子，你听到大人们在不断地向孩子们解释——不是蛇，是绳子，不是狐狸精，是阿姨；掂起生活的盖子，你发现幸福被人抢占完了，只剩下谁也不要的痛苦。

掂起生活的盖子，你看到爱人头上大簇大簇的白发，那是光阴的债务，两个人相濡以沫几十年，彼此的眼里长满了老茧；掂起生活的盖子，你流了一滴泪。多少河流的水涌入大海，都不会使大海拥挤，但你的一滴眼泪却挤疼了大海。

掂起生活的盖子，如同打开一本心仪的书，下一页，在纸的背面，像绳索，拎起一串不可逃脱的人物命运；掂起生活的盖子，如同打开当下的生活，第二天，从今夜翻过，像小说，延续着终结前的不可捉摸。

如果你见到了美，请不要忘了行礼

中国围棋的领军人物常昊当年在中日围棋擂台赛上崭露头角，以其优雅的举止谈吐和完美的棋风赢得了棋迷的喜爱，就连他的对手武宫正树在赛后都向赢了自己的常昊深深鞠了一躬。在赛后的新闻发布会上，记者特别问到了这个鞠躬的含义，武宫正树说："见到美，是要行礼的……"

小泽征尔在指挥盲人阿炳的《二泉映月》时，眼里闪烁着晶莹的泪花。他一定是感受到了阿炳的心灵，想象着阿炳如何孤独地面对着泉水拉琴，他完全洞悉了一个在黑暗中流浪的凄苦的音乐家内心的感叹。

小泽征尔的眼泪，是对阿炳和他凄凉柔美音乐的一种敬礼。

美有着不可战胜的力量，古希腊有一个关于美的著名的例子：

芙丽涅是当时雅典最美的女人，在祭祀海神的节日里，借洗礼仪式之名，她裸体从海水中跳将出来，面对着祭神的人们，因此她以渎神罪被法庭传讯。富有戏剧性的是，在审判时，辩护师希佩里德斯让被告在众目睽睽之下揭开衣服裸露身体，并对在场的501位市民陪审团成员说："难道能让这样美的乳房消失吗？"最后，法庭终于宣判被告无罪。

19世纪法国画家热罗姆还曾以此为题材画了一幅油画——《法庭上的芙丽涅》。画中的芙丽涅处于中心位置，刚被掀开衣裳的一刹那，她以臂遮脸。芙丽涅的胴体在辩护师蓝色外套的衬托下显得格外鲜艳，后景和中间幽暗部分的处理把女主角凸显了出来。她显得异常纯洁、妩媚，完美无瑕。她的姿势是典型的希腊式的，微微扭动的身子，使曲线的韵律更加丰富。

由于当众裸露，她下意识的遮掩动作使感情得到了升华。芙丽涅的表情楚楚可怜，且有几分羞涩，显得格外娇媚动人。站在一旁的辩护师的姿势和表情异常严肃、坚定，美的高尚和不可亵渎的意志均在他的姿势、表情中得到体现……

我们徜徉原野，贪婪地嗅着花香，那份陶醉就是在向花朵行礼；我们仰望天空，借月亮的银辉思念远方的人，那份虔诚就是在向月亮行礼；我们驻足阳台，用柔软的云的手帕来慰藉在尘世奔波劳碌的心，那份宁静就是在向云朵行礼……

红尘中的人，发现美已属不易，为美行礼的人更是寥寥无几。就像油画《法庭上的芙丽涅》中所绘的那样：在看到芙丽涅美妙的身体时，众法官的脸上除了怜悯和领悟之外，还有贪婪、呆滞的目光以及失措的表情，这充分显示了在美面前的人生诸相以及人性的复杂与矛盾。

所以，如果你见到了美，请不要忘了行礼。

与其正襟危坐，不如闲中取乐

儿时，总是喜欢跟在母亲后面捡地上的东西。比如一根没燃尽的鞭炮，比如花花绿绿的糖纸，比如随风飘过来的一只红气球。母亲一边呵斥我，一边用她的口袋替我装着这些垃圾。她知道我没有玩具，这些我自己制造出来的小欢喜，她不忍掐灭。

少时，我喜欢叠纸船，然后跑到小河的上游去，让纸船顺流而下。纸船上则写着自己喜欢的邻家小妹的名字。倒不是真的想让邻家小妹看到那纸船，那样会令自己无地自容，就像冬天的时候，在雪地上写她的名字，然后又迅速地毁灭证据，仿佛怕阳光告了密。那些时候，一颗心是忐忑的，却也弥散着一层雾一样的小欢喜。

长大了，看透了人情冷暖，尽量避开名利场上的刀光剑影，像一只笨拙但倔强的蛹，学会了用厚厚的茧保护自己，却依然有着自己的小欢喜：比如自己动手研磨一杯芳香四溢的咖啡；比如想到了一句惊艳的诗；比如读到了一篇暖心的文；比如捧着厚厚一本书，怀里揣着热水袋，被书里的情节带着，心一会儿暖一会儿冷地颠簸着，不管外面是春寒料峭，还是月黑风高。

生活中有伟大有崇高，但更多的是凡俗的生活，吃喝拉撒、爱恨情仇，在更多的生活表象里隐含着更多的生活情趣。人生能有多少大事，无非是一天连着一天地组成一个平凡的一生。而幸福的生活，便是由这些清新的小美景组成的吧。

与其正襟危坐，不如斜倚窗栏，看云卷云舒；与其殚精竭虑，不如榻上横卧，听花开花落。

发怒不如发奋，生气不如争气

我有一个性格外向开朗的朋友，承包了一个小煤矿，干得还算顺利。他的性格有些张扬，几个有资历的矿主打心眼里瞧不起他。有一次在酒桌上，一个很牛的矿主就和他说："你现在到底有啥啊，凭什么这么张狂呢？"他说："我可能现在什么都不如你，但是有一样是你不如我的，那就是年龄。你比我大 10 岁，这 10 年之间发生什么，谁都不可预料。年轻，就是我的资本。"

一席话，让那些财大气粗的矿主们哑口无言。

他这些年经历的挫折，外人很少知道。他总是将那坚强乐观的一面示人，殊不知，很多时候他就像一只被捉住的鹰，孤傲倔强不肯认输，只是在夜深人静的时候独自用嫩黄的喙梳理杂乱的羽毛，用粉色的舌头小心舔舐自己的伤口，然后，第二天继续高昂他的头颅。

他说生命是充满变数的，谁也不敢说自己可以做一辈子的王，也没有人愿意承认自己甘愿做一辈子的奴仆。"你可以看扁现在的我，但永远不要低估将来的我。”这是他为自己写的座右铭。

我有一个生活在农村的表弟，在他身上，我领略了另一种截然不同的生活态度。

表弟总说，别人总是看扁他，他觉得自己再也没脸活下去了。

他是个自卑的人，总觉得自己处处不如别人，总喜欢和亲戚邻居们攀比，比较的结果就是最后数他的日子过得最差。按理说，他是个很勤劳的人，日子本不应该过成那个样子，可是他遇事不经大脑，脾气也倔强。他总喜欢不停地往家里买各种机器，就那么几垧地，买这么多铁疙瘩根本用不上几次，而且三天两头的不是这里坏了就是那里需要换零件了，更多的时候是闲置在那里，生了厚厚的铁锈。亲戚们怎么说他也不听，一副不撞南墙不回头的憨劲儿。自己还总是怨天尤人，说老天爷不开眼，这么拼命干活却换不来好日子。面对亲朋好友的批评，他不反思，反而更加郁闷，给自己买了两个手机，分别办了两张卡，把别人看扁他的话都编成了短信，然后用这个手机发到那个手机上，再从那个手机发到这个手机上，翻来覆去，让他的苦闷在心间产生了对流，终日里萦绕不去。他就这样不停地被他自己的苦闷折磨着，终于有一天，精神崩溃，喝了农药。所幸抢救及时，命救过来了，可也不知道思想能不能转过来。

其实，如果他能换一种角度思考，把那些别人看扁他的话当成一种激励，多去想一想生活中点点滴滴的快乐，那么，这快乐的露水一定会一点一点地慢慢聚集，最后聚集成快乐的海洋。那样就会是另外一种结果了。

生活的艺术更像是摔跤而不是跳舞，既要站得稳，还要时刻准备好突如其来的打击。

人生在世，很多时候我们不得不面对冷漠的面孔、嘲弄的眼神甚至恶意的中伤、阴险的陷阱……但无论我们周围的世界怎样令人痛苦不堪，无论我们心灵的天空如何阴霾密布，我们都应当笑对人生。

张小娴说：“与其因为别人看扁你而生气，倒不如努力争口气。争气永远比生气漂亮和聪明。”

就凭你，能行吗？人生路上，我们经常会遇到这样的质疑，此刻，需要你说一句：我能行。永远不要忘记当初的梦想并去坚守它，如果它像天上的星星一样遥不可及，不妨先让它变成枕边的油灯。

心灵因宽容而平静

滴酒不沾的朋友打电话来，约我出去喝酒。

对于我的诧异，朋友在喝下整整一瓶酒的时候，给了我答案。

那是他在内心隐藏了二十多年的秘密。

8岁的时候，他的母亲因车祸离他而去，父亲又给他找了个继母。也是从那时起，他记住了那个恶毒的女人。他在内心诅咒，让她得不到她想要的任何一样东西。他认定她像童话里那个外表美丽而心如蛇蝎的皇后，他希望有一天自己能拥有一面充满魔力的镜子，幻化出火焰，让她惊慌失措地跳动，直到累死为止。

不管当着多少人的面，她都会拿他的缺陷开玩笑。那是他跛了的双脚，走起路来一瘸一拐的丑态常常被她拿来当作笑料。不只如此，对于他不小心惹的祸，她还常常怂恿父亲打他。从那个时候起，他的内心就只剩下了仇恨。

他从不叫她“妈”，即使在父亲的逼迫下，他也会狠狠地咬着牙，始终不肯吐出那个用“M”打头的令人温暖的词，反而在心底把仇恨的种子种得更深。

他在这种仇恨中渐渐长大，他的内心没有一块可以种植爱的土壤，它们荒芜着，任凭岁月在上面覆满厚厚的尘埃。

或许是命里注定吧，父亲在他参加工作的第二年也因车祸死去。据目击证人说，他临死前喃喃不休地念叨着什么。

“但我想他念叨的人肯定不会是我，因为在他那里，我感受更多的是他的冷漠。”朋友淡然地说。

没有了依靠，继母变得小心翼翼起来。不管做什么，她都诚惶诚恐地事先征求他的意见。他也总是故意刁难她，处处找她的不是，不知不觉间将心底的仇恨连本带利地倾倒回去。有一次，因为她打碎了一只碗，他便让她卷铺盖走人。她无处可去，他这里是她唯一可以寄居的屋檐。她竟然跪下来苦苦地哀求他不要赶她走，那一刻，他很奇怪自己竟然没有一丝报复的快感，相反，僵硬了二十年的心微微开始有了一些松软的感觉。

任何丑陋的心灵都有它脆弱和美丽的一面，他记起当初父亲和继母商量是否要一个属于他们自己的孩子时，她说过的一句话：“虽然这孩子不是我亲生的，但这么长时间了，也有了感情。咱就好生过吧，只要他认我这个妈。”

她坚持没要自己的孩子，这是他唯一能记起的她的好。但就是这唯一的好在他被仇恨裹紧的心里留下了一个爱的缝隙，容温暖穿过。

他们仍旧住在一个屋檐底下，一天夜里，他与朋友喝酒后晚归，醉倒在客厅的沙发上，在昏昏沉沉中看到她抱着毯子盖在了他的身上，听到她怯怯地唤着“儿子……”，他错把她当作了死去的母亲，如同呓语般唤着“妈妈”，他隐约看到了她苍老的脸上有泪珠在滚动。

他的心在那一刻重新复苏过来，像冬眠的虫子在春天的阳光下开始慢慢蠕动。

放下一段仇恨，远比报仇更艰难，他的心灵因宽容而平静了。

“自从放下了那段仇恨，我的心情轻松多了，就像卸下了一块大石头一样。从那以后，我懂得了一个道理，每个人都有自己不同的生活，而不同之处，就在于你在自己的心上放了什么。比如，在心上放一枚落叶，会使我陷入秋天的愁怨，但如果放上一朵花，会使我的整个人生春意盎然。”朋友如释重负地说。

在你的心上放什么？这是多好的叩击灵魂的一问啊。我不禁想到了我自己，在红尘中奔波劳碌，不敢停下脚步，生怕自己的懈怠会让别人抢走饭碗；不敢把心门打开，生怕遭遇一个个阴谋的陷阱；不敢对人坦陈心迹，哪怕是面对最要好的朋友，也会把神经绷得紧紧的，像绳子上捆缚了一颗跳动的心，让心上的音乐渐渐减弱，让心上的火焰渐渐熄灭，终成一片无人问津的废墟。

在你的心上放一个秋天，你就会充满离愁别绪；放一段憎恨或者一句咒语，你就会把爱赶跑。但是如果在你的心上放一尾鱼，它就会鲜活你的生命。

只是错过，不算过错

倘若生命列车可以返程，你会给你的人生准备好怎样一副行囊？

1965年的秋天，他即将退役。部队领导经过严格考察和筛选，决定留下5个人在部队重点培养，他是其中之一。就在此时，家里的一封信改变了他一生的命运。家里人在他当兵之前给他介绍了一门亲事，现在女方催促他回家完婚。他就像被什么东西附了身一样，一刻都等不下去，他放弃了这一切，包括转业安置的机会都不要了。其余那4个留下的人，后来都做了军官，职位都在团级以上。而他做了一辈子农民，一生和土地打交道，除了当兵之外，没有再出过远门。晚景虽算不得凄凉，但过于单调，每日里和几个佝偻气喘的老家伙打点小麻将，常常为输了几块钱而郁闷好几天。他微驼了背，有点老年痴呆的假象，当年的老兵组团来看他，讶异不已，他看上去比那几个当了军官的战友至少老了10岁。

“唉，如果当初……”战友们对他的境遇唏嘘不已，一声叹息如叶子般轻柔地落到他的后背上，却令他猛然向前打了一个趔趄。

1991年的秋天，一个十五岁的少年，因为过于高傲，中考志愿上只报了一个重点高中，结果以一分之差被拒之门外。高傲的他放弃重读的机会，认为不上大学，靠自己的本事一样可以成为人中龙凤。结果走了很多弯路，付出比别人多出好几倍的艰辛，用了近20年的时间才有了一点小小的成就，而当初几个成绩不如他的同学早于10年前就拥有了他现在所拥有的一切。一个决定，让他丢失了10年的好时光。

2005年的春天，一个中专毕业的姑娘决定不高考，去找工作。尽管同学和老师一再相劝，说她考个好大学不成问题，将来的前程也会很光明，但她不为所动，只想尽快找到一份工作，早一点赚钱养家，因为家境实在太过窘困。她做了很多种工作，目前在一个浴池做收银员。

这三个人，分别是我的二叔、我自己，以及我的表妹。我们选择了现在的人生，就难以避免在回忆的时候抱怨生活，抱怨自己走过路过错过。倘若时光能够倒流，人的一生也能如列车一样有返程的时候，我想我们一定会认真准备好自己的行囊，带着最初最美好的愿望，从头开始，重新去认识道路。

妻子买回那盆荷花时，还是含苞未放的。夜半被朋友找出去，陪失意的他喝酒到天明。待我回来时，只见一枝洁净的荷花，盈盈开放在这间寂静的小屋。趁着屋子里淡淡的薄香，我睡了。中午醒来时，看到花瓣合在了一起。这是白荷花的节律吧——它只开在夜半和黎明。

第二天，我有了时间，把它放到我的书桌上，准备一边写文章一边看着它，以为这样便不会错过它的再度开放。然而未及晚上，花瓣便一枚枚从茎端飘落……

初时伤神，继而明白——凡世间可遇不可求之人和事，都因他们自有节律。所以，有错过，也是不必太过哀伤的。因为那一切从来时便是为了要去的，只不过从我们眼前一时经过一下。于这样的缘分，若我们不能看得分明，懂得透彻，必定要徒惹些惘然的伤感！

虽是擦肩而过，我不是也在那薄薄的荷香里美美地睡了一觉吗？亦当知足了吧。

人间事，若细细掂量，错过的总是比握住的多得多，但错过的景致正因为是错过，而在心头占据着一定的位置，从而不忘，虽然遗憾，但也算另一种意义上的收藏吧。

人生本来就是由各种遗憾组成的，所幸，我们只是错过，而不是过错。所以，请继续怀揣着那些美好的心愿，继续着生命列车可以返程的梦想，不要遗弃它们，永远。

安然度过“人间失格”的时刻

老乡来的时候，我的公司正处于风雨飘摇的生存状态。我的一个曾经所谓的好朋友买通了我的财务主管，正在通过一些不道德的手段恶意收购我的公司。我被他们搞得焦头烂额，疲惫像密不透风的墙，挤压得人有些透不过气来。

我是家乡人眼中的骄傲，所以每次有老乡来，我都会邀请他们到家里来。其实都是虚荣心在作怪，不过是想向他们炫耀一下自己的豪宅罢了。老乡是个有些木讷的人，吞吞吐吐地说着一些莫名其妙的话，脸上还不时泛起潮红。我知道老乡是个十分好面子的人，猜想这次一定是有难言之隐来求我帮忙的。果然，两杯酒下肚，老乡便不再那么木讷了。他说明了来意，想向我借点钱回家盖蔬菜大棚。其间，他以自嘲的方式给我讲了他的一些曲折的经历。

老乡两年前外出打工，在建筑工地当力工，每顿饭都是两个馒头一碗汤，几个月下来，人整个瘦了一圈。就在要完工的时候，他不小心从二十多米高的跳板上掉下来，幸好被下边的跳板挡住了，不然定摔个粉身碎骨。

他的腿骨折了，躺在医院里，工友给他的妻子打了电话，可迟迟不见妻子来。一个月之后，他拄着拐杖来到工地，向工头索要工资，工头欺负他老实，说他住院的一个月里花了很多钱，要从工资里扣除，最后他只拿到了很少的钱。

回到家的时候才知道，他老婆跟一个有钱人跑了。

这是一个被命运戏弄的人，一个走在生活背面的人，一个在生命中不停地经历雪天的人。他什么都没有了，只剩下一条瘸了的腿和一根拐杖。那一刻，他瘫倒在地上，生活仿佛一下子就走到了尽头。但不久后他就清醒了过来，他想到自己的孩子和上了年纪的父母，他们还需要他。而且更重要的是，他觉得一个男人如果倒下了便没有了尊严。

所有人都以为他会找他老婆和那个男人算账，但他没有，并不是他懦弱，而是他觉得，有些东西失去了就无法再追回来，比如感情。而有些东西，失去了还可以找回来，比如尊严，比如那些被劫匪抢走的钱财。

他从体弱多病的父母那里接回自己刚刚5岁的孩子，拄着拐杖开始收拾自己破烂的家，从亲戚那里凑了些钱，盖了猪圈，买了几只猪崽，又孵化了一大群鸡鸭鹅，每天起早贪黑地饲养它们，那是他唯一的希望。

可是他似乎注定了要奔波在生活的背面，先是他的猪，不知道是什么原因怎么喂也长不大，然后是他的鸡鸭鹅们，正赶上流行“禽流感”，不管是禽肉还是蛋，都卖不出去。他的头发在那一夜白了许多，那可是他全部的希望啊，他还真的指望用它们供孩子上学，指望用它们给生病的父母买药呢！

或许这就是他的命吧，不管他躲到哪个角落，那些苦难的子弹总是循着他的声音或气味尾随而至，如影随形，在他来不及防备的时候对他进行突然袭击。

“可我不能就这么倒下去了，我不想一辈子生活在别人的同情和怜悯里。”老乡对我说。

他又一次拄着尊严的拐杖站起来了！他在厄运里苦苦挣扎，就是为了求得能与人平等站立的尊严。他又开始他雄心勃勃的计划了。他想利用家里宽敞的园子建一个蔬菜大棚，可他实在没有地方可以借到钱了，邻居们就劝他来城里找我碰碰运气，看能不能得到我的帮助。

因为我平时对自己的家乡建设很热心，所以对老乡的请求自然是应允的，毕竟他要借的那笔“巨款”对于我的公司来说只能算是九牛一毛。老乡感激涕零，不知道说什么好，一个劲地给我弯腰行礼。我还掏出一些零钱给他，让他打个车回去，老乡却无论如何也没要，“我有拐杖呢，这东西好着呢！走路可借力了。多远的路都不怕。”老乡说他来的时候就是拄着拐杖走来的，回去也可以。天！我不敢想象，从乡下到城里有 50 多里路呢，而且他的腿还是残疾的……

我被老乡的经历震撼了，他为我疲惫的心灵支起了一根拐杖。我的公司所面临的困境和老乡的经历是如此相像，我的财务主管被挖走了，这就好像我断了一条腿一样，但我用老乡赠给我的这根思想的拐杖渡过了难关，重整旗鼓，公司又走上了正常的轨道。老乡来还钱的时候说，他那里的蔬菜很抢手，供不应求，他还准备扩大经营呢。

他的故事让我懂得，在生活的背面艰难跋涉的人，一样要挺直腰身。就像山背面的树，只要顽强不屈地生长，终会高过山峰，终会得到阳光的恩赐。

生活的背面虽然缺少阳光，但土质潮湿，一样适合植物的生长。我不知道他生命中的风雪是否已经停息，但我可以肯定的是，如果紧接着再下一场雪，再遭遇一次风暴的袭击，他依旧还会咬紧牙关，挣扎着不让自己倒下去！

因为他有一根尊严的拐杖，它可以支撑一个人走过命运里所有的沟沟坎坎。

「有意思比有意义更有意义」

4

有意思比有意义更有意义

为了减肥，妻子每天走山锻炼，半月有余，但往电子秤上一站，体重不降反升，不禁有些懊恼，每天重复做这些，却毫无结果，有意义吗？

我告诉她，这当然有意义，而且意义非凡呢！你跳跃着躲开一只蚂蚁，有可能就被摄影者捕捉到，你就是为善良代言的人，这就是意义；你听到寺庙里的佛音，停下来，虔诚地合掌鞠躬，念念有词，我能听到你为家人和朋友许下的愿，这就是意义；一缕风吹过，花香沁入心肺，你闭上眼深深地吸气，这样的神情，就是作者笔下的美人，这就是意义；通过与大自然的亲密接触，你的心灵轻盈，看着叶子从绿到黄，从无到有，品味其中的哲思之趣，这就是意义……

每个人的一天，都是不断地重复，平淡无奇，看似毫无意义，但意义恰恰就蕴藏在这波澜不惊里。

有一期的《奇葩大会》，一位来自清华大学的博士生令人印象深刻，在他的眼中，无论多么无聊的日常生活都能变成一件很有意思的事。比如，为了研究如何科学高效地洗袜子，他自制了多款自动洗袜机，另外还有其他许多有意思的发明，从电脑风扇到打蛋器再到发条人。有人常常问他：你整天做这些有的没的、乱七八糟的实验，究竟有什么用呢？他说，这样一些单纯有意思、用好奇心驱动的东西，在你要求它变得有用的那个瞬间，它就变得不再有趣了。

人们太习惯于问"这有什么用"了！就像蔡康永在《人生并不是拿来用的》一文中说的："'这有什么用？'几乎是最受欢迎的一个问题。每个人都好像上好发条的娃娃，你只要拍他的后脑一下，他就理直气壮地问：'这有什么用？'"

"我想学舞台剧。""这有什么用？"

"我正在读《追忆似水年华》。""这有什么用？"

"我会弹巴赫的曲子了。""这有什么用？"

"我会辨认楝树了。""这有什么用？"

……

看翻译家林少华的随笔集《异乡人》，其中有个细节令我莞尔——

某日早上，我悲哀地发现，大弟用叫"百草枯"的除草剂，把院落一角红砖上的青苔喷得焦黄一片，墙角的牵牛花被药味儿熏得蔫头耷脑。

问之，他说："青苔有什么用，牵牛花有什么用，吃不能吃，看不好看！"悲哀之余，为了让他领悟青苔和牵牛花的美，为让他体味"苔痕上阶绿，草色入帘青”的诗境，我特意找书打开有关图片，像讲课那样兴奋地讲了不止一个小时。

不料过了一些时日，他来园子铲草时，还是把篱笆上开得正艳的牵牛花利利索索连根铲除。我还能说什么呢……

此时的林少华唯有一声长叹——“我还能说什么呢！”这真是“夏虫不可语冰”。

人啊，总归是太过实际的，哪怕人与人的交往，也大多习惯交有用的人做朋友。丈夫们出去应酬回来，太太们总免不了问一下都有哪些人在场，你报出了那些人的名字，太太们常常会脱口而出：认识那个人有什么用?

由此，你的与人平等交流而滋生的兴致因为这一问而丢得一干二净。

可是人生需要的是有趣啊，而不仅仅是有用！

朋友素云是个精致的人，厨艺也好，常常请我们去她家里做客，她的菜做得好吃，而她那些用来盛菜的精美的盘子更是令我们称道。一桌子佳肴，不同的盘子盛着不同的菜，每一道都像艺术品，让人不忍动筷。她说，我们吃的就是一种美好的情调，所以，精美的盘子是必须要有的。这时我们注意到，盘子只是冰山一角，她生活里这种细节上的精致之美随处可见，比如沏茶，她甚至比茶艺师更有耐心，大费周章地把一杯水倒来倒去，对于不善品茶的我来说，最终也没能品出那茶在这种折腾里又多出几缕香来，倒是她优雅的姿态，令她整个人看起来熠熠生辉。她让我明白，人生中很多重要的东西，看似都没有什么用。那些琴棋书画诗词歌赋，那些风花雪月闲情逸致，那些大自然徒步漫游，那些一杯茶一本书消磨一下午的闲散时光，带不来钱，换不来名和利，好像真的都没有什么用，可是它们却换来了心灵的愉悦，让人生变得有趣。写作更是如此，坐在电脑边上，不停地敲击键盘是有用的。陪老人聊天，与陌生人搭讪，失神地望一朵云，看一朵花，这些事情看似无用，其实大为有用，这是灵感的源泉，正在汩汩涌动。

大多数人都是实用主义者，在他们眼里，实用即准则。可是庄子在二千多年前就说过："人皆知有用之用，而莫知无用之用也。"无用之用，方为大用。

生而有趣，才是有用地活着。日子交付到我们的手里，就是让我们珍惜和点亮的。把每一个寻常的日子过得生趣盎然，眼中有美，心中有爱，即便万事有憾，也定有余情绕心。

一厢情愿，
就要愿赌服输

有些女性会有自欺欺人的毛病，那是她们幻想中的救命稻草。

给钟爱的人发信息，没回。心理一般是这样变化的：十分钟内，他一定是在想该怎么回；半小时，他大概有事，不方便马上回；一个小时，开会，或者所在地信号不好，没法回；两个小时了，出去了，没带手机，或者手机没电了；再长，一夜，一两天，他回了，只是我没收到，手机卡的问题……你看，多会自我安慰，其实真正的事实是——那男人已厌倦她，压根就没想回她的信息，哪怕连一句代表着准备离开她的“我很忙”都不肯回。

所以说，女人更多的时候是和自己的影子在谈恋爱。

一个女孩从遥远的地方来看在北京打工的男孩，临走之前，男孩信誓旦旦地和女孩说，每天都会发信息给她。可是一晃半个月没有信息了。女孩追来北京，担心男孩出了什么意外。在一个火锅店旁边，她看到男孩和一个花枝招展的女孩在吃饭，很亲昵，男孩不停地喂着那女孩吃东西。

她那么傻傻地看着，眼泪都结了冰。

男孩看到了她，显得有些慌乱，可还是跑了出来，对她说，不是她想的那样的，那女孩是老板的女儿，他不敢得罪，只能陪着，这也是他的工作之一。他拥抱着她，让她回家好好等着他，他会给她一个美好的将来。

女孩竟然顺从地点了点头。那散发着火锅底料味的怀抱，足以使她画饼充饥，就这样低眉折腰地向往着纯洁的爱情。

张爱玲说：有时候，我们愿意原谅一个人，并不是我们真的愿意原谅他，而是我们不想失去他。不想失去他，唯有假装原谅他。

这无异于感情世界里的掩耳盗铃。

这世上，有多少一厢情愿的女人，就有多少自欺欺人的爱情。掩耳盗铃也好，画饼充饥也罢，都是自欺欺人的独角戏。

美梦醒来，就像窝里的狐狸被扒光了皮毛。

自欺欺人是你自己在撕烂自己的好时光。

有那闲工夫，都不如给你的宠物狗洗个澡。种几株玫瑰，磨几杯咖啡，煲一碗营养汤，炒几个小菜，慰劳一下自己的身心，何尝不是你的好时光。

与其自欺欺人，不如修补好你斑驳的时光，让日子充实而愉悦。

可是尘世的人，就是这样固执。多少人握着自己的笔，却在抒写别人的情感。多少人按着自己的心，却在揣测别人的心跳。即便时间停止了，仍然不忘记来一句自欺欺人的话——那是因为时针爱上了分针，再也不想分开！

没有走不完的路，只有走不下去的人

我的少年时光很短，最起码我自己这样认为。

我说它短，是因为本该去享受的少年时光被我自己掐断了。

因为学习成绩一直很好，也因为我的倔强和高傲，中考的时候只报了唯一的一个志愿，那就是重点高中。我对所有人说，重点高中是我的囊中之物。结果老天弄人，差一分而败北。那一刻，我仿佛看见所有人眼睛里都有一把嘲弄的匕首纷纷刺向我，让我无处可逃。

老师来劝我重读，父母也劝，可是我哪里还有脸回到学校，除非让我戴上一个大大的面具用来遮羞。

我没有选择重读，而是走了另外一条坎坷的路——自学。

那时候的我经历着“最落魄”的青春。我的语文老师刘季夫知道后，让我加入他的文学社，鼓励我进行文学创作，那是我最早接触的文学天地。一篇篇小文章经过他的修改，在当地的小报上发表，从此，我的文学之路开始了，虽然艰辛，却无比欣慰。在最苦的时日里，在那个冷冷的西屋里，我的手因为长时间拿笔而被冻成了馒头的形状。

总是在母亲起床做饭的时候，我才睡下。像路遥一样，我的早晨，也永远都是从中午开始。

可是后来季夫老师生了病，文学社解散了，我的世界一下子又暗了下去。

母亲倒是支持我，她说，既然选择了这条路，就坚持走下去吧。坚持，这是母亲最本真的鼓励吧，没有一点煽情的意味。“不过，”母亲接着说，“买稿纸和邮票的钱要你自己去挣来。”

是啊，不工作，一直这么靠父母养活，我心里也愧疚，一咬牙去了父亲的工厂当了一名学徒工，白天工作，夜里写诗，靠着一种青春的激情，竟不觉得累。

只是，我投出的稿子总是泥牛入海无消息，这让我不禁有些动摇了。

还是母亲，还是不带半点煽情味道的鼓励：“哪有那么容易成功的事儿，坚持住，总会有成果的。”

我便选择继续坚持写下去。那个时候，我喜欢看书，可是家里那几本书都已经读得稀烂，做梦都是关于偷书的，梦见自己偷偷地潜入书店，把书店里的好书装了满满几麻袋偷走，睡梦中露出贪婪的微笑。

和母亲说起我的梦，母亲笑笑没说什么。周末的时候，她领我去书店，让我挑喜欢的书。我不敢相信，节俭的母亲为了鼓励我写作，竟然可以给我买那么多的书。《复活》《战争与和平》《悲惨世界》《约翰·克利斯朵夫》等名著都是在那个时候得到的。我如饥似渴地读着，忘我地走进小说的世界里。从《悲惨世界》中，我知道了原来人间还有那么巨大的苦难和不幸，人如果要作恶，可以恶到什么地步，而人如果决心行善，又可能产生多么伟大的精神力量；从托尔斯泰的《复活》中，我学会了用解剖刀一般锋利的目光审视周围人的道德，同时也用严格的尺度审视自己的心灵；从《约翰·克利斯朵夫》中，我感受到友谊的温馨、爱情的迷人和牵魂动魄的艺术的价值和力量。

我的文学之路从那个时候开始变得坚实了许多。

又一次收到退稿的时候，我耷拉着脑袋，不敢面对母亲热切期望的眼神。正是年底的时候，母亲在灶台上给我们炒花生果，一边炒，一边对我说："不急，你看这花生果，要多翻几个个儿才能熟呢！人不也一样吗？受些煎熬和苦楚，有啥大不了的！"

听后我深有感触，是啊，有啥大不了的，我还不信我的文字变不了铅字呢！

终于，一年后的某一天，我的文章发表了，而且还是被收录在《散文》这样的大杂志中。母亲向我表示祝贺的方式一样没有半点煽情意味，只是递给我一把炒好的花生果。我剥了皮，吃了一个，真香，炒得恰到好处。

这一次母亲没有说话，但我永远记住了母亲关于炒花生果的那一段妙语：要多翻几个个儿才能熟呢！

是啊，迷茫、困惑……什么都不要怕，要成长，要成熟，就得在生活的热锅里多翻几个个儿呢！

太严肃的话，
是没办法在人间找到快乐的

智者时刻都在劝诫，不要让心灵荒芜。心灵荒芜了，或是流沙蔓延，或是荒草丛生。眼睛也跟着心一块儿衰老了。人们畏惧着荒芜，犹如畏惧着死亡，殊不知，恰恰是心灵中的那一点荒芜，灯笼一般时刻点醒着你去留意生活中的阴影、生命中的暗礁。

键盘上，磨损得最厉害的就是空白键和回车键。停顿和空白，这就是人生。

那空白，也可以理解为荒芜。

不妨在心底留一寸荒芜，任凭野草生生灭灭，任凭风贴着地面打滚，或者在距离地面两米多高的地方撒欢儿。不要给那寸荒芜任何一点压力，不用它长出玉米的须，不用它长出高粱的穗。风把什么种子吹落在这里，就让这里开什么样的花，结什么样的果。不要玫瑰，不要蔷薇，小小的、呆头呆脑的小野花就好；不要孔雀，不要斑马，有一只萤火虫就足够，虽

然微弱，但生生不息。

我认识这样一个女人，用朋友的话说，她完美得像个瓷瓶。

不可否认她的美丽和优雅，只是从她脸上却看不到快乐的神情。她是一个对自己要求太过苛刻的女人，她几乎所有的时间都用来装扮自己，从外表到内心，她不容许自己有一点瑕疵、一寸荒芜。赴一次约，哪怕是不那么重要的约会，她也会精心地把自己打扮得光艳照人。光化妆就会用去个把小时，常常把等她的朋友急得团团转。

不错，她留给人的印象始终是光鲜无比的。可是，她暗夜里独自的哭泣又有谁能看到？

水至清则无鱼，过分的完美本身就是一种缺憾。

人们更多的只是欣赏她，却很少有人和她做朋友。她用她的光环罩住了自己，也隔绝了别人。我不知道她到底想要什么，是那妖娆着但迟早会锈掉的肉体，还是一串开启心灵之门的钥匙。

被她精心侍弄过的心田，看上去那般美好，其实等同于为心灵披上了一层铠甲。那里的鸟语虽然动听，但缺少了一份活力；那里的花香固然芬芳，但缺少了一丝清新。

相反，我却极为喜欢另一个有些“粗糙”的女人。那是个非常浪漫的女人，虽有一身的坏毛病，却并不妨碍她依然向往着在一个温暖的手心里翩翩起舞。

她总是大大咧咧地和你说话，直来直去地表白自己的爱憎，她偶尔也会化妆，但更多的时候是素面朝天。恰恰是她身上的那些小毛病，给了别人一种可以亲近的触点。

一个人的旅途也一样，不可能都是美妙的风景，也有黄沙满地、满目荒凉的时候。现世中也不可能总是一帆风顺，也会有烦恼，有悲痛，有奔波劳苦的际遇。但要知道，废墟中挺立的城堡才更坚固，荒芜中亮起的美景才更养眼！

人生需要修剪，以保证生命的精致、华美，但在心的某个角落，还请高抬贵手，留下一寸荒芜。那么，你便留下了最原始的风，留下了最初的蛮夷和悸动，留下了麋鹿和野兽的气息，留下了纯天然的味道。

就像那个完美如瓷瓶的女人，她妄想在她的世界里，全都种上花，栽上树，殊不知，留一个荒芜的角落，反而是给自己貌似坚强的心留了一个柔软的出口。

那荒芜，是一片自由之地，哪怕仅有小小的一寸。

所谓高枕无忧，不过是准备充分

早上等通勤车的时候，一个同事大汗淋漓地跑着追过来。上了车，他和我们说起迟到的原因。

他说早上本来起得挺早的，洗完脸吃完饭还有一段时间，他便优哉游哉地看起电视来。他很久没起这么早了，觉得时间宽裕些真好，不必再火燎屁股一般忙乱。

因为时间充裕，他一直显得很悠闲。还剩 5 分钟的时候，他穿好衣服刚要下楼，发现一粒扣子掉了。这下坏了，马上要到点儿了，现补扣子明显来不及，只好重新换了一套衣服，时间紧了，节奏一下子变得慌乱起来。

刚开始的那点悠闲时光，因为一粒扣子的掉落而重新被打乱。

一粒掉落的扣子搅扰了一个早晨的从容！

人生总有很多事是始料不及的，你不能确定下一秒会发生什么，所以，我们要尽量做到“未雨绸缪”。

尽量做到在那枚扣子没落掉之前，先把它补牢。这个扣子就是生活的一个象征，它可以代表生活中的一些令人烦恼的小事，那些尾随而至甩都甩不掉的鸡毛蒜皮，这些事扰乱了我们的早晨，甚至扰乱了我们一生中的很多岁月。

其实，我们只需提前哪怕 5 分钟穿好衣服，那么这个早晨依然是个从容优雅的早晨。一切就都没有改变，还是那般美好惬意。

给生活一个提前量，就是给心灵腾出了一个操场，让它可以有一个做早操的时间和空间。

当下的俗世有太多斑斓、太多诱惑、太多选择，而我们能做的只是提前准备好自己：提前准备好一副健康的身体，提前准备好一株向上的心态，提前准备好一捧坚强的意志，提前准备好一沓乐观的心情。生活不是生存，但是生活的最根本却是要活着。时时刻刻准备好最巅峰状态的自己，才能不被生活所选择，而去自主选择生活。

同事在早晨掉落扣子的事情，如果发生在另外一个人身上，或许还可以有另外一种发展轨迹——这个人即便看到扣子掉了，也没慌乱，仍旧穿着它去上班了，结果自然是被人扣了一顶“不修边幅的邋遢鬼”的帽子。这对他人生的负面影响必然会更加深重。

所以，不管换成哪种故事情节，都改变不了灰色的结局。可见给自己的心一个足够的提前量是多么重要。

因为人生就是这样无常，一粒扣子，看似缝得结实牢靠，但你永远不会知道，它将在什么时候掉落。

生活酸甜苦辣的况味，都是需要咀嚼的

那个早晨，我被表妹的哭声搅扰得异常烦躁。表妹是一个被娇宠惯了的孩子，用老人的话讲，从小到大都在蜜罐里泡着。后来，她结婚了，因为条件好，什么都不用发愁，日子过得安逸。但问题马上出来了，她的丈夫在婚后第 83 天背叛了她，在外面有了新欢。她歇斯底里，从没有受过半点委屈的她，忍受不了这样的现实，又哭又闹，但终究无济于事。最后，他们离婚了。

从幸福的天堂一下子跌落到地狱，表妹差点崩溃。母亲去安慰她的时候，还是那句老话，少吃点糖，多吃点盐，这对人没什么坏处。人活一生，就得吃点苦，不然你的心就坚强不起来。现在想想，母亲的话很有道理，一个人的生命中不仅仅需要糖，更需要的是盐。盐可以为你的生命补充钙质，而糖只会慢慢腐蚀掉你用来咀嚼生活滋味的牙齿。

父亲年纪大了，嘴里的牙齿所剩无几，他在镶完满口牙的时候说：“有

牙齿的时候不知道没牙齿的苦，你们不知道，这没有‘嚼头’的东西真是没味。”

父亲喜欢吃硬一些的东西，比如苹果和萝卜之类的，蒸出的米饭父亲最喜欢吃八成熟的，吃骨头也是专挑脆骨啃，看父亲吃饭时总是很香，这对于味觉日渐萎靡的我们来说是一种刺激。父亲常常自豪地对我们说："知道我吃饭为什么这么香吗？因为我吃过苦，我比你们幸福。”

怎么吃过苦还幸福？我有些不解。

“我认识一个瞎了眼睛的人，”父亲显然是要对我来一番言传身教的，“你可能不相信，他是个诗人……”

我确实很惊讶，一个失去了双眼的人，看不见任何美景，要怎样“触景生情”呢？

“恰恰相反，”父亲说，“他双眼明亮的时候，写出的是那种无病呻吟的东西，失明之后，他写出的诗反而美极了！他说在他的世界一下子黑暗了的时候，他首先想到的是光明的珍贵。他要把春天永远藏在心里，他每天不停地咀嚼，每天都能咀嚼出新的味道来。他说他还要感谢生活的磨难，让他懂得了真正意义上的春天。”

生命就是这样，不可能只是由锦绣铺就的，由苦难铺出的路才会坚实而坦荡。老的时候，会觉得没有经历过痛苦的生命犹如没有酿好的酒。用父亲的话说，那些安逸的日子便是没有“嚼头”的生活。

“吃必要的苦，耐必要的劳，那样才是人生。”这是父亲常常在我们耳边念叨的话。

莫要怪怨命运抛给你的苦难吧，它们正在往你的躯体里注射补钙针。“对于麦子来说，风刀霜剑甚至蝗虫侵蚀都是必要的，因为它们可以唤醒麦子内在的灵魂”（张晓风语）；对于艺术来说，坎坷和荆棘都是必要的，因为它们可以点亮艺术的心。

无情的光阴终将使我们失去最后一颗牙齿，但我们一定要拥有一颗能够咀嚼生活的心。人总要留下一些值得回味的东西来慢慢咀嚼，在老的时候，它们就是一壶茶水里慢慢升腾起来的鱼一样鲜活的茶叶，就是炉膛里一根根噼啪作响的奋不顾身的柴火，让那已经脱落了牙齿的老人和已经看不到春天的盲诗人在闷热的午后和寒冷的冬天依然无比快乐着。

生活是需要咀嚼的，只有咀嚼过的生活才会呈现出酸甜苦辣。而“幸福安逸的生活会使一个人失去最后几颗牙齿，再也无法咬住和咀嚼生活”。

无须时刻保持敏感，迟钝有时就是美德

昨天又降温了，一群朋友窝在一起聊天。一位朋友问：“你们想过没有，未来最想要什么样的生活？”

于是，一群人安静地各自思索。我说：“有通俗的，有高雅的，想听哪个？”朋友说：“俗人嘛，就俗的吧，真实。”我说：“俗的就是有一所属于自己的小房子，弄得很舒服，可以窝在里面大吃大睡，无聊时就看看碟，听听歌。最主要的，是让自己变得迟钝一些，不把今天安排得过于完满，也不把明天安排得过于周到，顺其自然、水到渠成地去生活。”

朋友大笑：“原来你要的就是猪的生活呀！”

其实，我理解的美好生活很简单，不必费心取悦别人，只要一种属于自己的幸福感就好。这种幸福可以很宽泛，也可以很简单。

猪的生活有什么不好？猪如果聪明绝顶，想到自己最终要沦为案板上的肉，那免不了会失去活着的勇气吧。这样迟钝一点，活一天就好好活一天，吃得饱饱的，睡得香香的，即便有一天成为案板上的肉，也不枉舒舒服服地活了一回。

当那首“猪，你的鼻子有两个孔”的歌风靡大江南北的时候，猪也成了人们眼里的宝，炙手可热。没有哪一个动物明星能够超过它的气场。

所以我还是希望自己能够迟钝些，尽管迟钝常常被看成“傻”。

我不想像个刺猬一样，竖起毛发，每天如临大敌般对这个世界保持着警戒之心；不想像章鱼一样，有那么敏感的腕足，任何一点声响都能在它的内心掀起波澜；不想像一只狗一样，有那么灵敏的嗅觉和听力，一点风吹草动就搅扰了一个美梦……

有些女人冰雪聪明，伶牙俐齿，我不艳羡。我认为，迟钝一点儿的女孩更是可爱。

就像你要讲一个笑话，没等你讲完，那个聪明的人就猜到了结局，把包袱提前抖了出来，你喜欢这样的人吗？我不喜欢。我喜欢那种瞪着大眼睛，等我把笑话说到最后的那一刻，然后才爆发出惊天动地的爽朗的大笑的女孩。

眼睛毒辣，巴不得看透你心里所有的秘密，你喜欢这样的人吗？我不喜欢。我喜欢那种托着腮，静静地听你讲心里的话，然后不停地问着“后来呢”“为什么啊”的女孩。

哲学家尼采说过，无须时刻保持敏感，迟钝有时就是美德。尽量从善意的角度去诠释语言，保持比对方迟钝的感觉，此乃社交之诀窍，亦是对人的怜悯。

渡边淳一发明了一个新词“钝感力”，他认为“钝感是一种才能，一种能让人们的才华开花结果、发扬光大的力量”。

钝感，说白了也可以看作是内心的宽厚，这样的心是耐磨的，猜疑、妒忌、谣言、诅咒……种种伤害都可以消化得了，也只有这样的心，才能将种种不幸和困苦磨砺成闪光的珍珠。

活着的时候开心点，因为要死很久

乐圣贝多芬临终前一边惋惜不能再喝好酒，一边对周围的人说：“朋友们，鼓掌吧，喜剧结束了。”

同为作曲家，勃拉姆斯却只要是好酒就一律来者不拒，痛饮一口莱茵河葡萄酒，说句：“果然名不虚传呀！”倒头便去了天堂。

这两个在音乐王国中君临天下般的人物，用一生不断地珍藏着美酒，这些美酒被密封在一个叫作苦难的罐子里。

他们的一生充满苦难与悲凉，但他们在临终前依然在用轻松的节拍和谐谑的乐趣一点一点地消解着生活的悲痛，为我们驱赶着生命中一个个不祥的噩梦。

他们活在过去，那些黄金岁月的每一天，至今仍在时间的大河里滔滔作响。他们也曾有过绝望的时刻，有过对似水年华的深深追忆；也曾有过迷失的时刻，无法在生命的镜子中照见自己；也曾有过被女人蔑视了爱情的时刻，有过渗着血的怀念；也曾有过无法听见声音的时刻，世间黯淡无光……他们无法阻挡被汹涌的岁月更快地带到暮年，但他们会使悲哀成为音乐，成为火热而又凄切的旋律，在每一个空虚的夜晚，反复来到世人无知的耳边。

在音乐史上，贝多芬是继海顿、莫扎特之后的古典主义与浪漫主义的桥梁。他于1770年12月生于德国波恩。其父亲看出小贝多芬的天赋，想把他培养成第二个莫扎特，所以坚持让贝多芬学习钢琴。1787年，来到维也纳的小贝多芬被莫扎特发现，并说："留心他！不久他将惊扰世界呢！"贝多芬没有让莫扎特失望，最终成了与莫扎特齐名的作曲家。在音乐史上，贝多芬的音乐是英雄心的表现，是其伟大灵魂的特征。他用傲岸的气质与绝大的自负心来同世界见面。他反对仅仅讨人喜欢的艺术与女性气的趣味，而忠于冥思苦想，以至谱曲时满头大汗。

为什么在贝多芬的音乐中有如此多的英雄主义的乐思呢？这与他的经历不无关系。从1796年起，他的听觉便开始减弱，这时他的音乐生涯未到后期。在与同行的隔绝中，在自叹命运悲惨中，他立志继续与命运做斗争。于是一大批伟大的交响乐作品问世了，其中《第九交响乐》是在他全聋的状态下出世的，这更体现了这位英雄"要扼住命运的喉咙"的悲壮气质。

谈到贝多芬的英雄主义气概，不能不使人联想到《命运交响乐》。1807年是贝多芬一生中比较悲惨的时期，耳聋的命运已经确定，与"不朽恋人”的婚约又遭破坏。种种悲剧最终爆发成《命运交响乐》。贝多芬却依然勇敢地战斗着。在给友人的信中，他写道：“我已经决心和自己的命运尽力战斗，无论如何不愿自己破灭。”这就是《命运交响乐》第一乐章的乐思。

死亡如同黑夜，是每个人的必经之路，但它的终点永远是个未知数。

人终将回到一个宁静的世界，也许是带着干净的灵魂，也许是带着一生的罪孽，但谁又能知道在另一个世界的命运呢？未知世界永恒的沉默助长了人间苦难的深度。苏联钢琴家里赫特在晚年一脸惘然、神情呆滞地说：“我已经厌倦了，我讨厌自己。”他已经走到了黑夜的尽头，放弃了所有的幻想。

同样是音乐中的精灵，贝多芬和勃拉姆斯在临终时会痛饮一口葡萄酒，而里赫特则蒙上了自己的双眼，等待死亡的召唤。如果他们同在天堂，贝多芬和勃拉姆斯会继续在音乐中畅饮葡萄酒，而音符将再也无法注入里赫特的心，因为他在死亡的同时把灵魂丢失了。

“灯亮了，我听到了声音。有人在奔跑，在绝望地呼号。然而在另外的地方，有成千上万的孩子正在出生，成千上万的妇女将成为母亲：生命并不止于你和我。你死了。我恐怕也要死去。但这无关紧要。因为生命并没有死去，它存在，生命存在着。”

人总是无法避免死亡的，即使你长得漂亮也不行，即使你手里握把丈八长矛也不行，即使你有宫殿、有汽车、有学问、有真理、有大印也不行。无论你曾经是在银行里取了巨款，还是吃过蟠桃、芒果之类，无论你在红地毯上听过二十一响，还是在痴情的床上升入了仙境……总有一天，人将再也站不起来，再也无法知觉什么，再也与这世界无关了。但当那永恒的休息、最终的黑暗到来的时候，罐子被打碎，美酒的醇香却历久弥新，就像大师们的音乐和灵魂，弥散在后世的天空，征服着他们的臣民。

不由得想起了一个诗人瘦骨伶仃的诗句：

瞎了 他能看见风景

聋了 他能听见音乐

死了 他能走向回家的路途……

痛苦不能避免，却可以缩短

隔壁新搬来一个租户，是个以出苦力为生的人，一个离婚男人，领着一个八九岁的孩子辛苦过活。不用猜就知道，女人是因为男人窝囊，挣不到钱才和他离婚的，这年头，谁愿意守着贫穷过一辈子？

男人没有文化，只好每天扛着个大板锹去蹲站点，给人家装煤、卸车、搬货，挣点血汗钱。光景好的时候，一天能碰上三四趟活；不好的时候一趟没有，男人就蹲在那里，吧嗒吧嗒地抽着自己卷的旱烟，并不显得十分焦急。偶尔也会放上棋盘，和别人杀上几盘，不管输赢，都会发出一阵阵爽朗的笑声。

生活再辛酸，竟也看不到他脸上有一丝愁苦。

每天早市结束后，他会去那里捡一些小贩们扔掉的蔬菜，他替小贩们清扫了垃圾，小贩们偶尔也会把没有卖完的好的蔬菜送给他一些。每天，他给孩子做出的饭菜都很可口，孩子吃得饱穿得暖，竟一点也不像个没娘的孩子。

这个孩子，倾注了他全部的心血。他说他活着的全部意义，都是为了这个孩子。孩子也很争气，在班级里考试从来都是名列前茅。

一个下了大雪的周末，因为没有活，他提前回来了。手里拎着两条刀鱼，看见了我，热情地邀我过去喝两盅。拗不过他的热情，我只好自备了一些酒菜，来到他那个简陋的家。

那天晚上，他喝得有些兴奋，禁不住哼起了小曲。我有些难以理解，这大雪一下就是好几天，没活干了，他怎么还能高兴起来？不知道他是说的醉话呢还是清醒着的，反正对此，他自有一番“高论”：正因为如此，我才应该快乐啊，你想，本来明天就会是痛苦的一天，如果今天也跟着痛苦，那我岂不是赔了，两天都不快乐呢！

要说他今朝有酒今朝醉，不为明天考虑，不懂得未雨绸缪，也不是客观的。因为他省吃俭用攒下了一些钱，就是为了保证孩子上学的。

想想也真是这个理儿，痛苦不能避免，却可以缩短。比如昨天刚刚经历了一场痛苦，那么今天就要赶紧调整心态，快乐起来。不能因为昨天的痛苦而影响到了今天；比如明知道明天会有痛苦的事情发生，那么今天就要快快乐乐的，而不是为即将到来的痛苦而痛苦，这样痛苦就只有一天。

缩短痛苦，从另一个角度来讲，其实就是在延长幸福。

生活不会等你，但它会迎接你

生活不会等你，但它会迎接你。

我的手，在干净的水盆里濯洗；我的脚，却沾染着人世的尘埃。

这身体，也演绎着尊卑贵贱。比如舞台上的昂头挺胸，比如落幕后的卑躬屈膝。

作为一个年近半百的人，越来越信赖手边的老花镜；而对身边的一切，却开始模糊和淡忘。

年岁见长，便越发害怕失去，越怕失去，就越是频繁地发生一些令人猝不及防的事。比如疾病，比如噩耗。

患有阿尔茨海默病的爱丽丝，是电影《依然爱丽丝》中的主人公，她的那一段关于“失去”的演讲，令人印象深刻——

诗人伊丽莎白·毕肖普曾写道：失去的艺术并不难掌握。太多事物仿佛准备好，离我们而去。那么这样的失去，也并非灾祸。

我并不是诗人。我只是一个患有早发性阿尔茨海默病的病人。这个身份让我开始学习失去这门艺术。我失去了优雅，失去了目标，失去了睡眠，而失去最多的则是记忆。

我的一生积累了各种记忆。从某种意义而言，它们已经成了我最珍贵的财富。我与丈夫相识的那个夜晚，我初次拿到自己编写的教科书之时；我生儿育女，结交挚友，周游世界。此生积累的点点滴滴，拼命付出后的收获种种，如今都在与我渐行渐远。也许你有所了解，或者你可以想象，这种感觉如同深陷地狱，并且逐渐恶化，越陷越深。

当我们变得与过去的自己大相径庭，还能有谁认真相待？我们举止怪异，谈吐结巴，变得让别人大跌眼镜，甚至让自己都感到陌生。我们变得滑稽可笑，变得笨拙无能。但这并不是真正的我们。只是这种疾病把我们变成了这副模样。和所有疾病一样，这种疾病也有根源，有发展，也一定会有办法治愈。

我最大的心愿就是，这种境遇不会在我的孩子，我们的孩子，我们的下一代身上重演。但是至少此时此刻，我还活着。我知道，我还活着。我还拥有我爱的人，我还拥有要在有生之年完成的梦想。我因为自己无力维持记忆而自我责备，同时我也拥有着纯粹的幸福时光。请大家不要觉得我在备受痛苦折磨。我没有遭受痛苦。我只是在奋力抗争，让现在的自己尽量存在于生活，让过去的自己尽量存在于现在。

于是我告诉自己，活在当下，珍惜现在。

……

这是一部讲述“失去”与“拥有”的电影。爱丽丝因为疾病而在慢慢失去她的记忆，从她开篇时风趣的语言运用，渐而到单词拼写游戏的失分，将大女儿的名字安娜（Anna）错写成安妮（Anne），反复询问家人同一问题，再退化到难以有效诉说想法，继而到无法自如地穿衣系鞋带等。特别是对于经历过类似折磨的个人或家庭来说，影片中此类的大量刻画更触动人心。尤其是在爱丽丝手脚不利索却想抱抱初生的孙辈，她女婿略显担忧地询问大女儿的这一幕时，更是让人唏嘘感慨。所幸的是，爱丽丝的家人都向其投以各种关爱、耐心与信任。失去记忆的爱丽丝，一样可以享受与家人在一起的幸福。

如果说记忆是爱丽丝的“失去”，那么爱就是爱丽丝的“拥有”。

谁也不想将厄运披在身上。环顾四周，很多人都在瓦砾堆里奋力往外爬。但生命只能靠自己站立。

爱默生说，即使你断了一条弦，其余的三条弦还是要继续演奏，这就是人生。

过去，不过是你断了的一根琴弦。

一切都在慢慢失去，那只是证明，你曾经拥有过。

就像一件脱掉的睡袍，你失去遮蔽，却可以换来最舒服的睡眠。

要学会接受“失去”，松开的手，有时候比握紧更有力量。

每个人的生活里都会有烦恼，哪怕再澄明的日子，也有鸡毛和尘屑。那就努力把鸡毛做成掸子，把尘屑撒成沃土！

既然生活的幕布不能放下，那就请用其余的三根弦，继续演奏。

所谓有教养，就是不乱碰他人的人生

朋友离了婚，又不幸得了很难缠的病。有一次在医院，我帮他在盆里打好热水，就有要事临时离开了，他自己洗脸洗脚。回来的时候，朋友和我诉苦，说被一个女人折磨得要发疯了。

原来，在我离开的时候，病房里来了几位探视病人的人，一个大约五十岁的中年妇女看见他手脚不利索的动作立刻像发现了新大陆一样走过来，站到朋友面前大发感叹，仔细询问，比如什么病？多少年了？为啥不早治？你家怎么没人陪你？出于礼貌，开始朋友一一回答了她的问题，但她仍没有停止说话，也没有走的意思，朋友便闭口不再说话。她目不转睛地看着朋友笨拙的举止又开始叹道："你这么年轻，怎么得这种病，好可怜啊！"

朋友说，那一刻觉得她很厌烦，真想把盆里的水掀翻。他说，许多时候对于那些夸张的表情、很响的叹息和没完没了的问询，他都尽量礼貌地对待，他们真的并无恶意，只是无法体会他人的心情。但有时面对这种场面又不得不一次次落荒而逃，因为他实在不想像祥林嫂一样把自身的痛苦一遍一遍地重复。

相反，另一件事情却令朋友大为感动。每天早晨，朋友都会拄着双拐在医院的花园里散步，他总会碰到一个来这里晨练的老人，每次看见他的时候老人并不说什么，只把一只手握成拳头对他晃一晃，做一个坚持的表情，然后就走过去了。每次都这样。朋友能领会老人的意思，这是鼓励他学会坚强，因此心里感到非常温暖。每次，他也只是对老人笑一笑，并回以一个握拳的姿势。接受这种同情朋友一点也不感到难堪，心里反倒充满了感激的温情。

同情和怜悯本来是一种善良的心理，但如果表达不当会让人难以接受。给人一个握拳的姿势，总比撕开别人的伤口要好，善良更需要体谅和理解，如果不顾别人的自尊，只顾自我的感情抒发，只会带给别人伤害。因为别人要的，首先是自尊，然后才是温暖。

日本有位张爱玲的崇拜者——吉田丰子女士，有过比较丰富的情感经历，希望把这些经历无偿提供给张爱玲。张爱玲拒绝了，因为她“不喜欢乱碰他人的人生”。吉田丰子没有生气，她说：“我觉得我如果能成为她小说的原型人物是件光荣的事，但张爱玲女士不喜欢乱碰他人的人生这种谦虚的精神，令我更加感动。”

不乱碰别人的人生，尤其是不随便提及别人的苦恼，这是唯有很能理解别人痛苦的人才能做到的。张爱玲正是这种人，她不随便同情和安慰别人，却能理解和分担别人的这种痛苦。张爱玲的文字之所以能扣住人心，被广大人民喜欢，大概就是由于此种精神。

每个人都有自己的生活，个中滋味别人无法领会。那么，在没有走进另一个人心灵世界的时候，请不要乱碰他人的人生。

「要永远相信，
美好的事情即将发生」

5

内心丰富，
才能摆脱生活表面的相似

人需要有一种精神的支撑，一旦失去这种精神，就没有了活力，这就是僵硬！

很多人每天变着花样儿地玩乐，不停地聚会，不停地喝酒、蹦迪，貌似丰富多彩的生活其实空虚得如一张白纸，静下来的时候，寂寞无聊常常惊出他们一身冷汗。然后继续疯狂地及时行乐，妄图以此覆盖那些空虚，和一些同样空虚的人纵情欢舞，听不见亲人的召唤。歌舞升平，灯红酒绿，使一颗心渐渐僵硬。

心若是僵硬了，就长不出草，也开不出花了。所以要学会给僵硬的心松松土！

曾经有读者问过我，何以能十年如一日地坚持写作。我想，这绝不仅仅是一个“爱好”或者为了赚稿费可以表达的。每天和生物钟玩儿叛逆，熬夜写文章，更多的只是不想让自己的内心僵硬和荒凉。

相较于我把写作当事业，另一些人随意得很，如同纯真的爱情信仰者，将一些唯美真挚的句子，端端正正地摘抄在自己的博客或者日记本里，留一段温存的记忆于岁月的年轮里。

我的一个女同事便是此中典范。别人打麻将或者逛夜店的时间，她都用来写博客了。她说她从小就有记日记的习惯，好几箱子日记，她都不舍得扔。那些陈年往事被她定格在日记本上，如同握住了岁月的核。有了电脑之后，她就改写博客，性质还是一样的。美好的文字有音乐的质感，在袅袅咖啡香里咿咿呀呀地唱将开来。其实她写的文字还称不上文章，都是每日里经历的一些事或者想到的一些话。她也从没奢望过自己写的文字会发表出来，但她乐此不疲。她说，只是不想让心灵空着，荒芜着。

这样的女人的内心，定是土质肥沃，能长出好庄稼来的。事实也确实如此，她有一个事业有成的老公，而且十分疼爱她，对她百般呵护，而她亦顺水推舟，做一个小鸟依人的幸福的小女人。

三姨也是个心灵柔软的人，命运却很少眷顾她。她并无太多怨怼，而是以柔克刚，用她的优雅应对着贫困的生活。

三姨去世的时候，我把她喜欢的那几本杂志烧给了她，我想，就算到了天堂，她也一定会做个喜欢读书的女人吧。

三姨家在农村。她喜欢看书，也喜欢偶尔写一点东西。有一次来市区，买了两本《人民文学》回去，像宝贝一样地珍爱着。

从地里干活回来，还要张罗给一家人做饭。吃完饭，收拾完碗筷之后，她会仔细地洗净双手，然后捧起她的书，在昏黄的灯光下，认真地读，如同贫民窟的孩子捧着一大块蛋糕一样，读得津津有味。

她这种姿态，在农村是有些不合时宜的。村里的女人们自然而然地就觉得她有些另类，她们认为农村的女人就该是婆婆妈妈，东家长李家短的，为一点鸡毛蒜皮的事情闹得鸡飞狗跳。她倒不是瞧不起那样的女人，只是觉得，自己应该比她们稍稍优雅一些。

稍稍优雅一些就够了，可以让她的心灵不至于被更多的苦涩僵化。

姨夫不理解她，嫌她对她的书比对他热心，喝多酒的时候就会很生气地把她的书扔掉。唯有这个时候她才会丢掉淑女形象，和他不依不饶起来。他便怕了，从此不敢再糟蹋她的书。

三姨对书的热爱有些极端，一本杂志翻来覆去地看几遍之后，还是爱不释手，甚至里面的文章都能背下来了，也不舍得扔掉。书里的插页是一幅油画，她剪下来，用一个相框裱了起来，挂到墙上。用三姨的话说，她这样生活，只是想让自己荒凉的心里多一点点色彩。

三姨最后终于还是没能摆脱“僵硬”的命运，她得了脑梗，不过心灵却始终是柔软的，贫穷和琐碎并没有使她的心荒芜。

她一生都未停止对梦想的追逐，她辛辛苦苦地攒钱，梦想着去一次令她魂牵梦萦的西双版纳。就像一根想去天堂的火柴，火柴盒的潮湿，是它的劫难，也许不能到达天堂，但永远没有断了去天堂的念想。

每个人的心，都不是天然的绿洲，总会有荒漠，总会有冻土，需要你每天抽出一点时间来，在心上放点鸟声、放点诗意、放点绿色、放点芬芳。

放一条蚯蚓，去犁灵魂的不毛之地，去开垦内心的荒凉。

心不僵硬，才有可能在春天种下一些美好，比如诗篇，比如月光，比如一坛芳醴。

心田柔软，才有可能在秋天收到一些恩赐，比如纯净，比如善良，比如半世痴爱。

接受眼前的失望，但不放弃希望

远处的泥泽里，我突然看到一条挣扎的鱼，更准确说是抖作一团的泥土，或是一节被遗弃的干枝，或是蚯蚓。当我用手将它捏起来时，发现它软绵绵的，的确是一个生命——一条漏网之鱼。应该还能活，我轻轻地将它送入水中，没有告别，也没有回头，只是一个荡漾的水波就不见了。

之后是第二条，跟它一样的命运，因为抖动而没有逃过我的眼眸。如果不挣扎，它们就会没入泥土，永远停止呼吸。感谢那一次挣扎吧，虽然那个过程是多么艰辛与疼痛，但最终还是等来了我的注视！

朋友和我说起过他接到大学录取通知书那年的一些往事，这令我记忆犹新。

他说，接到录取通知书是让全家甚至全村都兴奋的事情，可是学费却愁坏了家里人。父亲东挪西借最后还是差很多，情急之下想到自己家里的一门远房亲戚。那是一个富户，平日里没少做耀武扬威的事情，父亲是个正直憨厚的人，看不惯他这样的作风，好几次还当着很多人的面顶撞了他，这让那富贵亲戚很没面子，心情极为不爽，所以两家几乎也就没什么走动，亲戚间的关系也就名存实亡了。父亲硬着头皮去了那亲戚家，却无功而返，钱没借到反而受尽了奚落。“你不是有骨气吗？有骨气就别来和我借钱啊！”这是不用想都能猜得到的富贵亲戚要说的话。

“我再去一遍，多说点好话呗，就不信他还能一点不看这亲戚的面子啊，再说，咱的娃上了大学，以后就是体面的人了，他们也总有求咱的时候吧。”父亲胡乱吃了一口饭，跺跺脚，仿佛给自己下了很大决心的样子，又一次推门走了。

亲戚知道他们家穷，还是不肯把钱借给他们，任凭父亲说尽了好话。父亲灰头土脸地回来，蹲在墙角，一口一口地抽着闷烟。母亲也缩在炕头暗自垂泪。朋友心疼父母，对他们说这个大学他不想念了，要出去打工挣钱。父亲当时就火了，对他说，你只管念你的书，钱的事他来想办法。然后把烟袋锅往鞋帮子上磕了一磕，壮士断腕般悲壮地说：“我最后再去试试。”父亲又出发了，披星戴月，再一次去走那 10 多里的山路。看着父亲微驼的背影，步履蹒跚地走在夜色里，朋友说他当时的心如同被剜割一般疼痛。

将近凌晨的时候，父亲回来了。他是一路小跑着回来的，看父亲那兴奋的神情，他知道肯定有好消息了。果然，这一次父亲真的借到了钱！母亲揉着红红的眼睛，有些不敢相信地看着父亲，父亲掐了一下母亲的胳膊，

“傻婆娘，呆愣个啥哩！”母亲才知道这不是做梦，赶紧给父亲卧了个荷包蛋，犒劳他这一夜的奔劳。

过了许多年后，他家的那个亲戚对他说起这件事，说他有一个伟大的父亲，为了他，什么脸面都不顾了，甚至不惜下跪！

朋友说，父亲一辈子顾及自己的脸面，下跪的那一刻，他的内心该是怎样的挣扎啊！

他说那一天那三次借钱的路途，比唐僧西天取经的路途都要遥远，父亲每一次出门都是一种挣扎！他在心底永远记着，他感谢父亲的一次次挣扎，换来了他今天的好前程。

我曾在报纸上看到一则新闻，一个被误以为死亡了的老人被装进棺木，可是他半夜里醒来了，发现四周一片静寂。他以为自己来到了阴间，这时，他听见了儿女们的哭声。他知道自己还活着，就拼命地敲打棺木，可是棺木太厚了，那声音很微弱。但是他一直没有停止呼救，连续敲打了近 5 个小时才有人听见，把他救了出来。他“死而复生”，又多活了 12 载。

如果没有那持续不断的挣扎，恐怕他早已命丧黄泉了。

并不是故意渲染苟延残喘的特别含义，只是想说，没到最后一刻，就不该放弃。

当世界所有的灯都灭了，你想，就要离去了吧，不会再有任何一盏灯为你点燃，但是你错了，人间的灯火就是那样反复无常，说不定何时为你点亮，只要你再坚持那么一下，哪怕是挣扎也好。山重水复的难，在人间处处都有，柳暗花明的戏，在尘世亦会时时上演。

就像那条濒临死亡的鱼，用一次次微弱的挣扎，终于令一盏慈悲的灯为它亮起。

一切皆有可能

那是我人生中苦不堪言的一年，高考落榜的痛苦，让我一度想到了自杀。我辜负了家人对我的期望，那些日子，我溺在负疚的潮水里，不能自拔。我抱怨上天的不公，自己多年来的寒窗苦读，却得不到一点回报。

为了让我散心，父亲特意请了假，让我陪他去钓鱼。我还不知道父亲会钓鱼呢，我们来到郊区，看到广阔无边的原野，看到一簇簇野花尽情地绽放，舞动着城市里没有的妖娆。我深深地吸了一口气，让大自然的清新暂时吹散我心头的荫翳。

钓鱼的地方有一棵果树，上面结满了苹果。但那棵果树很高，那些高高在上的苹果，令我只有仰望的份儿。

看我蹲在那里望着他身后的苹果树，父亲知道我是馋那树上的苹果了，就递给我一根树枝，对我说，蹲着是永远吃不到苹果的，为什么不站起来去试试？

我犹豫了一下，但终究还是站了起来，走到那棵树下，拿那根树枝使劲地去够树上的苹果。费了半天劲，终于被我够下来一个又大又圆的苹果。我捧着它，兴奋地向父亲跑去。

“没有什么是不可能的，”父亲看似漫不经心地说，“但首先是，你要站直了，只有挺起了腰身，才能摘到树上的苹果。”

父亲的话让我茅塞顿开。是啊，活着，人生就会有种种不容易，正是因为这份不容易，阳光才显得格外耀眼，绿叶才衬得格外鲜嫩。那些不容易，是命运赐给我们的苦难的盐，它可以为我们补充坚强的钙质。

偶尔会有阴天，或者大雨滂沱，但太阳终会露出和蔼可亲的笑脸。一个合格的人，要像顽强的向日葵那样生长，不能因为太阳的短暂缺席，就低下仰望的头颅。

我听明白了父亲的话，也理解了父亲的良苦用心。我和父亲说了我会去复读，并在心底发誓，来年的这个时候，一定会让自己人生的树上，结出一颗闪光耀眼的苹果。

“这才是我的儿子。”父亲如释重负地说，高兴地拍着我的肩膀。那天，我们父子俩谈了很多，不知不觉，天色已晚。

霞光满天，我们收拾好行囊准备回城，这个时候我才发现，父亲一条鱼都没有钓到。我半开玩笑地对父亲说：“不会吧，你钓鱼的技术不会这么差吧？看回家妈妈怎么笑话你！”

父亲挠挠头，不好意思起来。“其实我压根就不会钓鱼，就是想找个借口和你谈谈心。这套渔具是我跟同事借的，也就是来装装样子。你看，早上匆忙，连鱼饵都没带。”

我大声地笑着，“爸爸，你告诉了我，要站直了才能摘到树上的苹果。那我也告诉你，要挂上鱼饵才能钓到鱼！”

“没关系，钓不到鱼，就去够苹果。”父亲忍不住大声爽朗地笑了起来。

在晚霞的照耀下，这个一条鱼都没有钓到的“笨蛋老爸”，竟是如此可爱！

没有金刚钻，也要揽瓷器活

谚语说：“没有金刚钻，别揽瓷器活。”大概意思是说，做事前先掂量掂量自己，如果能力有限的话就别去做那些力所不能及的事情。话虽如此，可是这个世界感动我们的，偏偏就是那些“明知不可为而为之”的人（或事），比如愚公，“他把山，如馍干一样，一点点掰碎，唤来子孙分食”；比如西西弗斯，“周而复始，推动巨石，在命运的斜坡，锻炼自己精神的肌肉”；比如精卫，“把一切都填了，包括石子、妙丽的裸身和羽毛。她把大陆所有的山系嚼碎啄烂……去填海。最后，把自己也填了进去”；比如夸父，“几近干渴而死，将最后的一只手，锁住了太阳的咽喉”。

回到现实生活中，金刚钻与瓷器活的出现并不一致，其出现的情况大概有两种：一种是不等你有了金刚钻，就让你遇到了瓷器活，瓷器活往往是在你两手空空、毫无思想准备的时候突然出现了；另一种是你的金刚钻很好，很锋利，就是碰不上瓷器活，即使有了瓷器活也轮不到你这个拿金刚钻的人去干。

面对第一种情况，有的人恪守信条，没有金刚钻，放弃了之，或者是想等有了金刚钻再说吧，结果失去机遇，干不了活，吃不到饭。而有些头脑灵活的人，就能够先鼓起勇气，把瓷器活揽下，再去借助外力，寻找金刚钻，从而达到“揽活”“找钻”两不误的目的。

金刚钻常有，而瓷器活不常有。瓷器活是检验金刚钻的不二选择。

待你有了金刚钻，再去揽瓷器活，怕是菜都凉了。机会错过了，想要再找回来就难了。所以，没有金刚钻，也别忘瓷器活。人生，需要一颗未雨绸缪之心。

人生最怕的不是行动和陷入，而是观望和枯守。行动是积极的，观望是消极的。陷入是热的，枯守是冷的。挣脱教条的束缚，即使没有金刚钻，去试试瓷器活，又何尝不可呢？

没有金刚钻，也要敢想瓷器活，因为时光流逝得太快，等你的手上有了金刚钻，心在不知不觉间就懒了。

万事俱备之时去做的事，算不得挑战。赤手空拳打出的天下，才算得上真豪情。

俞敏洪说，不接受挑战的人生淡白如水，尽管干净，但却不值得畅饮。接着他的话往下说——

有挑战的人生，是烈酒，是佳酿，值得我们酣畅淋漓地痛饮！

时间酿酒，也酿人生

他是邻居们眼里的酒仙，他喝酒从不倒进杯子里，喜欢直接“对瓶吹”。喝到剩下半瓶的时候，就多了一样举动——每喝一口，都会闭上一只眼睛，用另一只眼睛看看瓶子里还剩下多少酒。如果剩得还够多，就大口灌，如果剩得少，就会马上变成小口抿。好像剩下的，是他后半生的时光一样。是啊，四十多岁的人了，剩下的时光，他怎么舍得一饮而尽！

对于一个热爱生活的人来说，再贫苦的日子，也是舍不得扔掉的吧。

他之所以不是我眼中的酒鬼的原因，是他从来不喝劣质的白酒，他是个懂得品味酒的人。没钱大不了就不喝，但只要攒够了买一瓶好酒的钱，他是断不会爱惜那钱的，因为他更爱美酒。

就为这，他的老婆带着孩子离开了他，他一个人，守着空荡荡的房子，常常会静坐发呆。倒也乐得其所，因为喝酒再不受任何限制了。

他喝酒的那副贪婪之相，自然就成了人们津津乐道的谈资。而我倒是颇为心仪他那副神态，那一刻，算是“人酒合一”了。所有烦恼都抛诸脑后，独独留下微醉的肉身。

在我看来，他虽然酒量惊人，但绝不是酗酒，他深得其中妙味，尽管他心中藏着那么多的苦：下岗、妻离、子散……下岗容易上岗难，一次次求职碰壁，让他吞咽下无尽苦涩。对妻子的想，对孩子的念，也一次次让他的心里刮着风，飘着雪。

谁也不会想到，这能喝酒的本事竟然成了他谋生的手段。多次求职碰壁之后，终于有一次，他应聘到一家公司做保安，无意间说到自己的“海量”，那家公司欣欣然录用了他，让他去做陪酒员。那个时候，一些企业招待上级领导或者客户，都是讲究胡吃海喝的，酒喝尽兴了好办事，所以每次都要把人喝倒不可。

他陪了三次酒，三次都把对方的人灌趴下了。他喝酒时锋芒毕露，酣畅淋漓，有喝尽长江黄河之势，无坚不摧，视对方如无物。最后桌上屹立不倒的永远是他自己，大有一种“独孤求败”的傲然之气。

可也仅仅是陪了三次酒，他就辞职不干了，他说喝的都是名酒，但喝得一点意思都没有，没有人情味，像喝水，越喝越冷。

很多人都说他傻，那么好的工作干啥辞了不干，每天好菜好酒地吃着喝着，天底下上哪儿找这种好事去。他只是笑笑，并不过多解释。

他再找的那份工作还是和酒有关——白酒勾兑师。他是经过长时间的磨炼和对白酒的特殊兴趣，才掌握了这个技巧。一家酒厂高薪聘用了他，而他也没辜负期望，他勾兑出的白酒，味道极佳。那家酒厂出品的酒，在我们这里渐渐成了“家喻户晓”的品牌。

他也终于有了一个“大团圆”的结局，妻儿离家多年后重新回到他身边，这也算是对他这么多年来没有自暴自弃的回报吧。

他总是津津乐道于为我们介绍勾兑的艺术：

好酒与好酒勾兑不见得就是更好的酒，如果比例不当，各种酒的性质、气味不合，也可能使勾兑后的酒质量下降。而好酒与差酒相勾兑，勾兑后的酒也可以变好酒。后味苦的酒，可以增加酒的陈酿味。后味涩的酒、有焦煳味的酒、有酒尾味的酒，以及有霉味、倒烧味、丢糟味的酒，如果加以勾兑，反倒可以增加酒的香气。

用他的话说就是：“好喝的酒都是甜、酸、涩、苦各种味道不停地勾兑出来的。”

想一想，这日子不也是吗，不经历点儿痛的磨砺苦的折磨，光是快乐和享受，自然也就没办法勾兑出你想要的好光阴来。

这世上，有多少人能勇敢地面对自己光阴里的苦，把光阴勾兑成酒，肆无忌惮而又欢天喜地地喝掉？

当你意识到自己错了的时候，你就开始对了

26 岁那年，我做了一件令自己一生都耿耿于怀的坏事。我和阿明是同一年进厂当学徒工的，10 年了，由于勤奋好学，我们两人都获得了厂领导的认可。厂里决定在我们两人之间选一个当车间主任。我心里清楚，阿明比我聪明，不管做什么都比我做得快，质量又好。出于嫉妒，我给厂办写了匿名信，诬告阿明有生活作风问题。那个年月，这是个不能再大的问题了，这封信导致了阿明没有当上这个车间主任，顺理成章，那个位子归我了。

一晃几年过去了，这件事成了我的心病，折磨着我。由于心怀愧疚，我最后还是忍不住向他和盘托出了我当年的不堪行为，希望获得他的原谅。

那日，我们喝了好多的酒，他并没有过多地责怪我，他谦虚地说他干活还行，但是当领导确实不是那块料。

看着我痛苦忏悔的样子，他微笑着拍拍我的肩膀，说：“走了歪路，做了错事，就一定是坏人了吗？”

然后对着我摇了摇手指说：“不，只要他能回过头，重新去走一遍光明的路。”

令我想不到的是，他竟然和我提起了旧日里的一块“伤疤”——一次“打劫”的经历。

那时他只有16岁，父母双双出了车祸，剩下他一个人到处流浪。有一次他三天没吃到东西，饿得不行，就动了“打劫”的邪念。他身子瘦弱，又是个孩子，所以只好挑女人和老人下手。

临近傍晚时分，他终于等到了一个适合下手的对象，那是一个老人，而且穿着挺光鲜的，一看就不是穷人。他颤巍巍地举着一把生锈的水果刀，对着那老人吼，让他把钱交出来。他的脸上全是汗水，那样子，比被打劫的人还要害怕。

老人不敢怠慢，把衣服口袋翻了个遍，却只翻出几十元钱来。

甭管多少了，够买吃的填饱肚子就行啊。继而有些悲伤起来，眼看着这些年的清白，就这样输给了饥饿，他心有不甘。转身的时候，他忽然就回过头对老人说：“假如，现在你可以给我一个面包，我就把所有的钱还给你。”

“这好说。”老人看有了转机，急忙说可以为他去买。他就把钱如数还给了老人。老人走掉之后，他就后悔了，他想老人肯定不会回来的，更严重的是，如果老人报了警，后果更是不堪设想。想到这儿，他觉得还是赶紧离开这个是非之地为妙。就在他刚要走的时候，老人回来了，给他买了一大堆吃的喝的。

他顾不得多想，狼吞虎咽地吃着，吃饱喝足之后，一个劲儿地向老人道歉，说他实在是饿得不行了，才这样去做。“如果有来生，我宁愿做一只碗，每天都盛着满满的饭。”他无限感慨。

“刚才你完全可以不回来的，而且分明有机会报警，怎么没有那样做呢？”他忍不住问老人，并有些自嘲似的说，“那样就好了，最起码在监狱里有饭吃”。

老人微笑着说：“我刚才也是犹豫不决，内心一直在挣扎，我在想要不要去报警。如果不报警，我买回吃的给你，你有了力气，会不会继续抢劫呢？可是如果报了警，可能你的一生就毁了。最后，我决定冒一次险，给你一次机会。还有就是我心疼你。我家的孙子也快有你这么大了，他还在上学，你却在流浪，人的际遇各有不同。我知道，你也是迫不得已。人在饥饿难忍的情况下，难免会做出一些错事来的。这点儿钱你就拿着吧，别饿了肚子，回头我去找找居委会，看能不能帮你找点儿事情做，总这么流浪也不是办法。”

阿明愣住了，没想到自己打劫的人不但没有怨恨自己，反而愿意帮助自己，难道自己遇到了一个圣人吗？他开始不停地抽着自己的嘴巴，“我是畜生。”巨大的悔恨让他不得安生。

老人拉住他的手，“不，你是人，不是牲畜，任何时候都不要侮辱自己。这世上，没有人可以保证一辈子不做错事，不小心走了段歪路，也是脚，不能叫蹄子。”

是啊，脚和蹄子的区别就是，脚是人的，而蹄子是牲畜的。

后来，老人找居委会的人帮忙，把阿明安排到了我工作的那个工厂。碰巧，我们是同一天进厂的，而且在同一个车间，只是，到今天我才知道他是个孤儿，才知道他走的这一段“歪路”。他对我说起这件事，是想告诉我，偶尔走了一段歪路不怕，只要懂得回头，重新走就好。

老人给了阿明一把宽容的尺子，阿明也同样给了我一把，我们用它丈量人生，把生命的路标规划得笔直而通畅。

面子是别人给的，但脸要靠自己去争

看过一部叫《零钱》的德国电影，这部电影令我印象深刻。

在一个高楼林立的街区里，有一个跛足的老乞丐，每天都倚着一根柱子，站在路边乞讨。他头发蓬乱，表情木讷，总是瞪着一双深陷的眼睛默默地注视着过往的行人。他的手中拿着一只变形的纸杯，行色匆匆的行人中，常会有好心人驻足掏出零钱放入纸杯中。他从不哀求别人施舍，对施舍的好人，也从不道谢，连个谦卑的笑脸都不给。

史蒂夫是个成功人士，他拥有自己的公司，拥有豪华的写字间，拥有高档的轿车。他每天下班走过乞丐身边的时候都会掏出一枚零钱扔进乞丐的纸杯中，这已成了惯例。乞丐注意到这位成功人士的车，由于地下车库尚未修好，只好露天停在附近的空地上。也许是为了感谢这位每天都施舍给他的恩人吧，他默默地为这位恩人擦起了车。这一切都被史蒂夫通过落地窗看见了，不知是于心不忍，还是怕乞丐沾上了他，抑或不想欠这位可怜人的人情，在下班走过乞丐身旁时，他在照例往纸杯中放入一枚硬币后还恶狠狠地对乞丐说："这钱是送给你的，不是擦车的工钱，请你以后不要碰我的车！"乞丐什么话都没说，第二天还是执拗地为他的恩人擦车。

于是史蒂夫还是每天给乞丐一枚零钱，乞丐每天都为恩人擦车。这似乎成了两个人生活中的必修课。史蒂夫在闲暇时，会举着高倍望远镜站在落地窗前观望乞丐给他擦车，镜头中的乞丐擦车是那么卖力，连反光镜中的一个斑渍都不放过。

可是有一天，当史蒂夫下班掏出钱包准备拿零钱给乞丐时，却发现没有零钱。他觉得像欠着乞丐的债似的，居然无法从乞丐面前堂而皇之地走过。不过，企图靠行人身躯掩护自己逃跑的成功人士还是被乞丐发现了，他一反常态地举着纸杯追了上去。史蒂夫愤怒了，开着车子绝尘而去。尽管从反光镜中看到乞丐摔倒在地上，却连油门都没有松一松。

一连几天，史蒂夫的车都没人帮他擦，他的车上积满了灰尘。每天下班时那根柱子前，再也看不见乞丐的身影了。有一天下班后，他再也憋不住了，开着车子穿街走巷寻找那位乞丐。终于在一个闹市区，他看到了那个熟悉的身影。当他拿着一张大面额的钞票迎上去的时候，乞丐却冷冷地看了他手中的钞票一眼，嘟囔了一句"对不起，我要的是零钱"，然后傲慢地背过身，快步走开了。

这部影片很短，只有15分钟，给我的思考却很长很长。

施舍者有怜悯之心，乞讨者有感恩之心，其实他们之间并不矛盾。也正是这两点让史蒂夫和乞丐彼此之间互相关注着，吸引着。可是，偏偏这乞丐却没有尊严扫地，没有丧失人格，他依然觉得受人恩惠，应当回报。当施舍者剥夺了他回报的权利，他觉得自尊受到了伤害，于是他就只能选择躲避。当施舍者曲解了他的意思，给他大面额钞票时，他觉得人格受到了侮辱，便选择了拒绝。

史蒂夫的心里是有怜悯的，但却缺少感恩，他从不认为乞丐为他擦车子是值得感激的，相反却有些厌恶。而乞丐通过擦车这个唯一可以做的事情在表达他的感恩之情，同时，也可以偶尔怜悯那位成功人士——最起码他也有没有零钱、仓皇逃遁的时候。

正因为如此，史蒂夫深深领悟到，那个乞丐不是断了脊梁的癞皮狗，他在他的心中渐渐挺拔起来，因为他是有尊严的。

除了这部电影，我还看过三个关于零钱的报道：

一个说的是香港富豪李嘉诚。他曾经不小心把一枚二元硬币掉进了坑渠，一个过路的人帮忙把这个硬币捡起来，李嘉诚掏出一百元作为报酬。对他来说，每一枚硬币都是社会的财富，不可以浪费；每一枚硬币也都是有自身价值的，有自己的尊严。

另一个说的是银川市民梁先生。他坐公交车没零钱，中途被赶下了车。下车后他打了一辆车追上公交车，找了零钱，将其中一元钱交到售票员手中，他说这是要买回自己的尊严。

最后一个说的是一个普通的工人。他想辞职，结果为领到自己的工资投诉到多个部门，和厂里闹得很不愉快。结算工资时，工厂负责人换来重达 20 斤的零钞，口口声声喊着“用钱砸死你”，倒在厂房大门口让他一张张地捡。当时太阳刺眼，纸币被风吹得乱飞。他和自己的家人在众人围观中捡了约一个小时。“我必须微笑着一张张地都捡起来，因为这些零钱侮辱的不是我，而是他们自己。”他说。此刻，那散落一地的已经不是钱，而是劳动者无处安放的权利和尊严。捡钱要弯腰、点钱要低头，这些无奈而必需的动作无形间满足了砸钱者畸形的优越感，从某种意义上说，这种优越感和到公园撒玉米粒喂鸽子差不多。唯一的区别是，喂鸽子是善意的，砸零钱是一种侮辱。

这些关于零钱和尊严的事，每天都在上演。不是每个人口袋里都装满大额钞票，也不是每个人口袋里都装满零钱。大钞有大钞的交易，零钱有零钱的用途。

尊严是一点一滴累积起来的。正如受人尊敬的大钞，是无数被人鄙夷的毛票攒聚起来的一样。

有时候，你用零钱可以打发走一个乞丐，用千金却无法打发走心灵的孤寂。

零钱是心灵的测谎仪，测试你的心是否失信于最本真的善。

前面说的那个电影，有一个善意而温情的结尾——

“那么，有空的时候能帮我擦擦车子吗？”史蒂夫换了一枚零钱，快步追上去，对乞丐说道。

“好的先生，很荣幸为您效劳。”乞丐欢快地接过他的零钱，脏兮兮的手不小心碰到了史蒂夫的手，但史蒂夫不但没有缩回双手，反而主动去握住了那双被贫困折磨和摧残的手。

那一刻，两个人的灵魂终于平等了。

懂得珍惜，
才配拥有

那个秋天，我身心俱疲。一种无法言说的疲惫如影相随，像永远在路上的挑夫，累了，就把生活的扁担从左肩换到右肩，再从右肩换到左肩，如此反复，永无止境，像西西弗斯和他巨大的石块。

感情的罐子已经开始漏水。每夜醒来，望着身边空空的床，忧伤便会如涨潮的海水一样淹没我。没有日光灯的照耀，我的黑暗连同对未来的忧虑一起来临。但我并未就此沉沦，我知道，每天早上，我依然会有一个如蛋黄般令人垂涎欲滴的太阳可以期待。

一些人总是要来的，带着爱情和光明，将你的生活布置得犹如一个个节日，狂欢着真心相对的快乐；一些人总是要走的，留下叹息和眼泪在你身后，你的世界升起夜色，无边的幽怨冲击着你孤单的脆弱。

一些时间用来享受；一些时间用来对抗；一些时间用来沉默；一些时间用来等候。

每到秋天，人的烦恼就会多起来，这个时候，应该想想春天，回忆一下春天里都发生了什么，这样心情会好些。在生活混乱不堪的时候，回忆总是见缝插针，给我一些难得的慰藉，虽说经历了时间的一次次洗礼，却始终没有被愁绪的洪流冲走。

回忆，即便是绳子，也是用来攀爬的，而不是用来束缚的。

记得有人说过，当人开始回忆的时候他就老了。的确，我认为自己是老了，一种缺乏朝气的老去。于是这种老去让我开始一百年一百年地孤独着。这种孤独庞大而具有爆发力，似乎挡住了一切幸福快乐的来路。但是你们错了，正是因为回忆，我得以活着。

那时候，每天握着爱人的手，微笑着穿过人群；那时候，牵手走过的每一条道路都春光无限；那时候，肯花钱去向司机买来五分钟，为爱人去山上采来一簇簇迎春花；那时候，欢笑在左，幸福在右；那时候，我们在尘世的沙滩上掀起了幸福的风暴……

在回忆中，我找到了失去许久的快乐。也领悟到，只有那些逝去的东西才会让人生更显珍贵。

老天爷会把我们身边最好的东西拿走，以提醒我们得到的太多。

人生就是这样，要让自己在秋天快乐起来，就要想想春天的事，免得被秋天的天气给感染了。我们不停地扔掉一些东西，不停地保留一些东西。

生命中总有属于你的东西渐渐沉落，你不必叹息或耿耿于怀，因为那些都是必将要发生的。正因为生命中有那么多的不完美，才更使我们的人生真实可爱。

每个人都会经历人生的秋天，经历严寒将至时的那一段时光。自古文人多悲秋，不怪文人们酸腐，秋天就是那么一个让人不停地怀念的季节，可能是一个不经意的下午，那么多那么多的人和事就冒出来了，让你猝不及防。一片简单的落叶都有可能击中你，让你消沉，一只死去的蝴蝶也会让你黯然神伤，一段戛然而止的爱情更有可能让你无法释怀。那么，在秋天里就想想春天的事吧。那时你会发现，秋天的这一切，不过是整个人生盛宴中一道简单的水果拼盘罢了，有点酸，却也爽口。

在秋天的窗子里，我放了一支属于春天的曲子，它撩动空气，轻挑神经，点到为止。我已经老去，不再需要海誓山盟，却需要深入骨髓的感情，不求轰轰烈烈，只求相依相伴。我已经老去，我需要用回忆来填充生命中的一些空缺，仅仅是为了缝补自己的不完美。

秋就秋吧，谁又敢断言，那些落叶在我们脚下堆积出的，不是温暖的地毯呢?

所谓生活，就是和喜欢的一切在一起

前几日，一个好多年没有音讯的老同学打来电话，让我颇感讶异。

他是我的初中同学，上学的时候表现出了多种才华，夸张点儿说，就是“琴棋书画无所不通”。但他不肯好好学习，大把的时间都用在了其他方面，所以后来没有考上高中，再后来便不知去向了。

如果这位仁兄肯坚持其中一样，总会弄出点名堂来的，可是他偏不。诗歌写得好好的时候，迷上了画画，画得有点味道了，又迷上了音乐。结果可想而知，他是“熊瞎子掰苞米，掰一棒扔一棒”。

问及近况，他说“咱们工人有力量”；问他婚否，他答“本人目前属于非钻石王老五”；问他还写诗不，他说“诗歌已离开好多年”；问他还画画不，他说“画笔丢在了青春年少的时光”；问他音乐搞得咋样了，他说“吉他弦已断，尚未修补”。

为他可惜，他却说，那些都不是他最热爱的，最近他发现，他最热爱的是表演。他已经在几个剧组里做过几次群众演员了，感觉很是不错。

我说："你还折腾个啥啊，别的同学都已成家立业安稳过日子了，你却还在外边飘着。"

他信心满满地说："别急，等我哪天演了个男主角给你们看看。"

很多人都会认为他不切实际，做人有点不靠谱。我却忽然间觉得，他像一只快乐的蜗牛，经过叶子的时候，喜欢上了叶子，经过露珠的时候，迷恋上了露珠，经过花朵的时候，又爱上了花朵……在不同的地方，看不同的风景，未尝不是一种悠然的心态。我想，他或许只是一直在寻找属于自己的最适度的风。

夫妻间能做到相互包容、琴瑟和鸣，是一种修了几世得来的福气。那样的彼此，便都是对方最适度的风。

最适度的风，不疾不徐，恰到好处，不会令你伤风感冒，不会令你迎风流泪，只会让你的心熨帖温暖，就像知心的爱人、懂你的知己，就像儿时临睡前，母亲轻拍的手。

最适度的风，会让喧嚣归于平静，会让拥挤归于有序，会让脏乱归于清新。最适度的风，会将你内心的街道打扫得干干净净，会让你的灵魂更加愉悦。

每个人都有属于自己的最适度的风，你找到了吗？

世界以痛吻我，我要回报以歌

朋友失恋，醉了酒，和我诉苦，问我如何消除心中的痛。我告诉他，痛是你心中的一棵草，你迁就它，纵容它，只会让它更加肆意地生长。唯一解决的办法就是连根拔起，那样或许会牵连出你的血肉，令你肝肠寸断，却会换来一个健康、晴朗的明天。这样总好过你浑浑噩噩地度过暗无天日的每一天。就像病入膏肓的人，若来一剂以毒攻毒的猛药，反而会有回春的奇迹。

一番话令他醍醐灌顶，第二天见到的他，果然是脱胎换骨面貌一新，犹如从即将干涸的泥沼中打捞出的一条鱼，重新被放入生活的大海中。

人生有时候是需要一点决绝的。

决绝地，手起刀落，与纠缠不清的令你痛苦的往事诀别。

决绝地，切断后路，让命运完成逆袭，置之死地而后生。

人生在世，哪一个没有经历过痛的洗礼？哪一个没有被痛如影随形般追撵过？若想甩脱它，唯有割断自己的尾巴。尾巴太长，左右摇摆着曾经灿烂的时光，回忆习惯闪着银光，鳞片一般镶满你的脊背。

暗夜里的孤寂，也曾如八爪鱼般，张着贪婪的腕足，紧紧地拥着我。挣扎如此无力，捣碎所有的好时光，去敷那痛的地方，依然无济于事。

来一杯酒吧，烈性的，60度的二锅头，看能否抵御得了如同大兵压境般的痛的乌云。

一杯烈酒，足以杀出一条血路来。片刻的安宁，可以让我养精蓄锐，迎接下一轮痛的袭击。

我怀着怎样的执着，才能为自己拼凑出一双完整的翅膀，送灵魂高飞。一针一线，丝丝入扣，如此细致入理的缝补，却始终无法令我自己完整。总有痛来袭扰那一张憧憬明天的脸。

痛像漫山遍野的野草，铺满我的每一个角落。没有更有效的除草剂了，唯有拿起镰刀，去收割它们。痛，有时候也会成为我们生命中的粮食。

对于那些让你痛的经历，你要敢于挥刀斩断，以疼止痛。生病的人生就像是做一次阑尾手术，让你痛的阑尾，割掉它就好了。

痛是绵延不绝的省略号，疼是当机立断的句号。痛是钝刀，疼是利刃。

痛是一个脓包，要敢于挑破它，以一次凛然决绝的疼结束那漫无边际的痛。一次彻底的疼，总好过无休无止的痛的纠缠。

世界以痛吻我，我要回报以歌，回报以更加灿烂的一张笑脸！

「一无所知的世界，
走下去总会有惊喜」

6

生命多艰，娱心为上

张恨水有收藏古董的嗜好，可是本人又不懂如何鉴别，于是他用了一个最简单的办法——花小钱直接买些假货，由此免去鉴别的工夫和上当的苦恼。这做法虽另类，却也不乏智慧，实乃娱心的妙招。

张恨水尚简，够用即可，从不多占半分，他通过《金粉世家》说出北京人讲究"老三点"，所谓吃一点、喝一点、乐一点，其实就是他自己的内心写照。作为民国时期的"北漂"，他早已在按照北京人的"老三点"方式随心而活了。

以简娱心。简不是物质的贫乏，而是精神的自在。简单的修为，决定了不简单的心。

与张恨水的"以简娱心"相反，另一位则是"以奢娱心"。

幸田露伴有一篇文章《古董》，里面写到关西一位大富豪是个喜欢茶道的主儿，临死前花数万金购一茶器，高兴几个小时就死了。有人讥之曰，平均一小时数千元。讥者由于悭吝之根性，一生只能守着死理兜圈儿，根本不知道还有一块超越道理的快乐天地。幸田露伴说，他哪里懂得，在趣味面前，即使花上百万两，那也只是像一缕青烟，不值得惋惜。幸田露伴对热爱古董的人评价很高，称他们都是心胸旷达之人，死守规范、忍受秋的寂寥，不如无视常理、享受春的快乐更好。他对引领当时社会风尚的茶道大师千利休，更是不吝赞美之词，称其为“稀世英灵”，可以与丰臣秀吉相提并论。

幸田露伴深谙娱心之道，所以笔下人物看似愚钝，其实通透豁达。比起他的小说，我更喜欢他的散文，从自我苦闷的情绪中解脱，呈现出淳朴清澈的风貌。在阅读的过程中，能感受到一种来自于生活的原味，醇正质朴，甚为养心。

除此之外，还有一位“以玩娱心”的另类代表——蔡澜。他说，玩物也可以养志。

今天活得比昨天好一点，希望明天活得比今天精彩。你有这样的方向的话，就会觉得日子很快，短短几十年，人生一下子就过去了，也就明白了什么叫快活快活。

他说，最怡然自得的生活是应该把时间浪费在一些美好的事物上，去多做一些自己喜欢的事情。下棋、种花、养金鱼，都不会花费太多的钱……散散步，看看花，更是免费的！

不论是“简”是“奢”，还是“玩”，让一颗心顺溜了，妥帖了，就都是值得的。

生命多艰，娱心为上。

以苦酿甜

一年里，去不同的地方做讲座，顺便欣赏美景，遍尝美食，常常引起朋友们的艳羡。然而，和这些风光比起来，我更想念风光背后的往事。

刚结婚的时候，穷困潦倒，不得已进了点儿便宜货，赶集去卖。大冬天，天刚刚亮，就奔着集市而去。那天，下了薄薄的雪，我扛着一袋子日用品，走在雪地上，心生悲戚。本以为自己会是第一个赶往集市的人，却看到在我之前，雪地里早已印上了其他人的脚印，我很苦很累，但有人比我更苦更累。

我们吭哧吭哧，活在这浩渺的人间。经了大苦，小苦便食若甘饴；历过大累，小累便轻如鸿毛。

妻子回忆我们曾经的苦日子，她写道——

20 年前，我是个奔波在烟火里的小女人，我买 100 块钱的稿纸、邮票和信封给爱人，认真记下路过的风景和人事，也没有忘记回家的路上打1斤油、1斤盐。

租来的房子漏着风，我用很多破布堵着，依然无法阻止每天脚旁那面墙从上到下爬满亮晶晶的霜，窗外别人家的点点灯光射过来，它们就闪呀闪的。

每天怕冻着孩子，只能一直搂在怀里不能撒手。

一个人上山砍柴的他又迷路了，我把睡着的孩子用绳子拴在一个老式板凳上，然后一个人摸黑上山寻他。二十多年过去了，我还记得那天晚上的风雪有多大，也记得我一个人在那个枪毙人的法场，是怎么声嘶力竭地喊着他的名字奔跑的，也记得那条山路上所有的雪、石头和林子在那样的夜晚是多么让人恐慌。

我也记得自己去商量着种了别人家撂荒的土地时的样子，更没有忘记自己怀孕挺着很大的肚子上山挖野菜时是如何摔过跟头的。

最难过的是每次坐火车回家都是逃票，为了赶那班可以逃票的火车，我们在夜里起来，抱着孩子一路狂奔几里路，因为害怕晚了上不去车，进不去站，不得不顶着星星早早去躲进站台的旮旯里，像两只惶惶不安的老鼠……

如今，两只惶惶不安的老鼠安逸了许多，变成了硕鼠，三天两头赚个千八百块的稿费已变得寻常。我生日那天，得一笔丰厚的稿酬，心情大好，交与妻子，让她随便花。她担心我下一秒反悔，迅速地从步行街的这头走到步行街的那头扫货，那些花一样的霓裳，令她流连，大小包装袋落满肩，只需短短小半天3000元很快花没了。看到什么都没给我买，妻子心生歉意，她说：“要不，给你买10元钱烤生蚝？”我说：“不行！怎么也得20元的。”

好，我也挥霍一把，20元钱烤生蚝，算是自己的生日盛宴了。我吃得风生水起，忘乎所以，第二天，脚丫子疼得不敢着地，生蚝把我的痛风引了出来。

不过这疼和曾经的那些苦比起来，简直就是小巫见大巫。窘迫的时候，可没那么超脱，气急败坏地只想爆粗口——奶奶的，老天爷，你就不能可怜可怜我吗？

再苦的日子，也能漏出一滴甜来，比如牙牙学语的女儿开口叫了我第一声爸爸；比如饥寒交迫的时候意外收到了一笔稿费；比如哥哥在稻田里摸到了七条泥鳅，给我们做了一顿大餐；比如雾霭重重的命途里忽然照进来一缕光亮，让我相信尘世的美好总会与你亲近，就如同相信，雪会落肩，鸟声会停落枝头，月亮会洗亮你的眼眸。

诗人金玲子说过，这么多不幸中，我还有我。我还有我，这多么值得欣慰。只要我还在，再多的不幸，我都可以把它们转换成幸福。

血糖高的人适合吃苦一点的东西，妻子便总是想尽办法给我弄些苦味，早上做了苦瓜煎蛋，苦瓜和蛋纠缠在一起，让你无法把苦味挑出去，不小心就吃了一片，皱着眉头咽下去。竟也没有想象中的那么苦，并且，沥去了那些苦之后，有一股清香在口腔里回旋。

人生无不如此，任何苦楚，只要你敢于咽下第一口，那苦也便不苦了。

就如同此刻，我抱着一根苦瓜，如同奉着菩萨。我无比虔诚，喃喃念出心底的佛语——甜即是苦，苦即是甜。

生活的勇者，便是不停地在苦的心里，长出崭新的莲子。

与其对着苦皱眉，不如将它揉碎，掺进烈酒，三杯不醉。

你可以战胜一个人，但就是打不垮他

×

那是一场日全食，在短暂的黑暗之后，太阳重新统治了世界，那红红的太阳，像一万只鸽子凝固在一起痴情的血，像一万个女人滴在一处相思的眼泪。

憔悴的太阳，是什么让你无法承受世人辛酸的泪水？

想到尘世中的人，想到一些或高贵或卑微的生命，那生生世世无法愈合的伤口，那时时刻刻无法安宁的疼痛，便是生命中一次次悲壮的日食。

日全食可以被认为是太阳的短暂沉沦吗？不，那不是沉沦，那是太阳累了，想休息一下而已。

这时候的太阳让我想起某些人，那些人注定是充满光泽的，这份光泽来自灵魂，因为灵魂里镶嵌了钻石。

南非前总统曼德拉曾被监禁 27 年，受尽虐待。他就任总统时，邀请了三名曾虐待过他的看守到场。当曼德拉起身恭敬地向看守致敬时，在场所有人乃至整个世界都静了下来。他说：当我走出囚室、迈过通往自由的监狱大门时，我已经清楚，自己若不能把悲痛与怨恨留在身后，那么我仍在狱中。

美国短篇小说家欧·亨利尽管极端憎恨社会的丑恶和黑暗，但却对社会仍抱有期待，所以，总是为自己的故事添上一个圆满的结局。他一生都在渴望着光明，在他临终时，屋子里却一团漆黑。他愤怒地对身边的人说："打开灯，我不在黑暗中回老家！"

爱迪生 84 岁高龄的时候，仍然整天在实验室里忙碌。有一天，终于因体力不支昏了过去。当他在病房里苏醒后，发现亲友们正在焦虑地看着他。爱迪生向大家扫视一遍，然后微笑着说："阴间的景色还真是不错啊。"这位伟大的发明家很快就平静地去世了。

在他下葬那天，许多人家都关了灯，在黑暗中默哀。因为大家都知道爱迪生的发明对人类的贡献和益处：只要灯光熄灭哪怕一会儿工夫，就让人们体会到有多大的不方便；要是一段时间的灯光熄灭，那就更会让人感到不方便了。人们就选择了用这种方式纪念这位伟大发明家的卓越贡献。

海明威说："你可以战胜一个人，但就是打不垮他。"

是的，你可以躲进阴影里，逃避太阳的光芒，但你无法怂恿太阳去沉沦，就像你不能阻止一棵树的成长。那些向上的心，都懂得如何在逆境中攀缘。

每个人的生命中都曾有过灰暗的时候，每一片命运的雪地上，都会掺杂着一些苦难的盐，每一条道路上都有人等待重新出发，但再大的风雪也无法阻挡明天的太阳。

明天的太阳是新鲜的，世界的每一个早晨都是新鲜的，新鲜得令人垂涎欲滴，崭新得让堕落的灵魂羞愧。

你永远无法怂恿太阳去沉沦！

道歉是传递善意的礼物

搬到新楼的时候，孩子刚刚蹒跚学步，淘气得很，每天弄得地板咣当作响，惹得楼下的邻居气哼哼地跑来理论了好几次。也是，孩子睡觉没规律，说不定什么时候就醒了，有时候正赶上人家睡得正香，她一个悠悠球“啪”扔地上了，又一个小汽车“咣”撇地上了，再一个翻身，“咚”自个儿掉地上了，接着就是号啕大哭，换谁谁都得抓狂。

我和妻子商量，得主动去楼下给人家赔个不是。我们拎着水果，抱着孩子，去楼下的邻居家道歉。邻居家干净得很，一尘不染的，这孩子，也不认生，放下就开始撒欢儿起来，害得我马不停蹄地护着这儿护着那儿的，免得小家伙儿弄坏了人家的物件。

那两口子对孩子似乎很喜欢，一个劲儿抱起来，亲来亲去，孩子也乖巧得直往他们怀里扑。那两口子嘴里一个劲儿地嚷嚷：太好玩儿了，怎么可以这么可爱啊？并请我们一定要经常带孩子去他们家玩儿，我们自是十分乐意地应承了下来。

孩子又在一个不合时宜的时间醒了，又开始继续她叮当作响的“恶行”。敲门声又响了起来，我和妻子揣测着：完了，楼下又找来了。果不其然，那两口子在门口，却是满脸堆笑，这倒让我们很诧异。我们连声说着对不起，他们却说是来看孩子的。

原来，他们今天晚上下班后，特别想看看孩子，可是一直听不到孩子淘气的声响，断定我们不在家或者是孩子睡着了。刚才，终于等到孩子摔东西的声音响起，所以就上来了。

“她一天到晚叮当作响的，你们不烦啊？”我好奇地问。

“最开始烦，可是不知道为什么，自从你们抱孩子去了我家之后，就再也不烦了。甚至，她冷不丁地老实起来了，我们还有点不习惯呢！”

为什么？就因为他们喜欢上了我们的孩子。因为喜欢，所以能够容忍她所做的一切。

“她是你们给我们带来的礼物。”那两口子说。

是啊，没有那次主动的道歉，也就不会让他们感受到这是一份礼物。所以，感谢那次道歉，道歉也是传递善意的礼物！

生活是一团面，每个人都可以捏出自己想要的人生

母亲说：“生活，可以是你想过成的任何样子！”对此，我深信不疑。

刚参加工作的时候，我为自己过于外露的锋芒买过单。那时，我怀着满腔的抱负，要干出一番出色的业绩来。虽然我自认做得很出色，却总是得不到领导的赏识，这令我很郁闷。

印象最深刻的，是有一次，我用我的生花妙笔把单位里的工作修饰了一番，投到当地的报社，竟然在头版头条刊发了。这在我们单位可是破天荒的头一次。我兴高采烈地拿着这张报纸给我的部门领导看，得到的却是他一通劈头盖脸的责问：“你请示过吗？谁让你私自乱发有关咱们单位的稿子？回去写个检查，要深刻。”

“可是我写的都是咱们单位正面的业绩啊，难道这也有错吗？”我辩驳道。

“这不是正面反面的问题，而是你眼里有没有领导的问题。”他说到了问题的实质。

我心里憋着一股气，终究没有写那个所谓的“检查”，类似的事情发生了不止一次。每次都是被一盆冷水浇灭了我工作的热情。

我有些想不通，找到一个在仕途上混得风生水起的高人求教，他指点我说：“年轻人，要收敛一下你的锋芒。如果你锋芒太盛，很容易招致别人的嫉妒，尤其是你的上司，你这样出色，他会有危机感的。”

一语道破其中玄机！我顿时觉得这份工作的无聊，长此以往，不仅会消磨一个人的意志，也会使一个人变得愚钝和庸常，我渐渐动了退隐之心。

我想辞去现在的工作，可遭到了几乎所有人的反对。我那可是吃国家粮的“金饭碗”啊，多少人羡慕得不得了。那些日子，我在苦痛中煎熬。

在那些反对者里，有一个声音不那么激烈，相反却是极其温和的，这个声音来自我的母亲。

母亲擅长做面食，她说经常吃面食对胃有好处。不得不佩服她的是，一周下来，她做的面食不会重样。

有一天，她领着我来到厨房看她和面。

“妈，难不成你要教我做饭吗？”我有些不解地问她。

母亲微笑着，没说什么，只是用那些面捏了一个面人，别说，还挺好看。“行啊，老妈，还会这么一手。”

母亲仍旧没说话，把那个面人一下子又重新揉到面里，接着又变戏法一样，鼓捣出一个别的样式来。我以为母亲是嫌我这几天心里难受，要用这种方法逗我开心，还把我当三岁小孩子呢！

母亲终于说话了：“你看，这是一团面，你蒸馒头，捏面人，烙煎饼，擀面条……任你双手所能做成的，都叫作品。只要你是喜欢做成那样的，都叫有意义！工作也一样，不管做什么，都是有意义的，只要用心去做了就好。”

母亲的话让我心头一震，是啊，生活就是一团面，要捏成什么样，都在于自己。

我毅然决然地辞了职，在众人的扼腕叹息里，昂着头走了出去。我觉得，我的人生可以有更多的可能。

生活是一团面，每个人都可以捏出自己想要的人生。

顺其自然花自开，与世无争香自来

生于一无争的世界，幸甚。

父亲如无争的水。本有位高权重的亲戚，要帮父亲谋个好差事，可是父亲婉拒。他宁愿守在这个小镇上，守着我们的家，虽无光宗耀祖之伟业，却活得干干净净，一个“人”字里面，无半点瑕疵。

无争的水，宁静绵长。

母亲如无争的佛。母亲并非软弱，但常常做些忍让之事。被人冤枉，总是一件难过的事，但母亲总是选择做一个“健忘者”，很少与人争论。古道热肠的母亲，即便日后伤了她的人有了难处，她依然会施以援手。

无争的佛，大爱无边。

一日，在一个角落里，我看到一朵默默绽放的花儿。那是一朵普通的喇叭花儿，习惯在阳光出来之前开放，为人们吹响起床的号角。虽然那号角是无声的，却让周围的世界多了很多的活力。

无争的花，活力依然。

无争并非无知，知而不争，是容己克己之术；无争并非无欲，欲而不争，更难能可贵；无争并未无畏，畏而不争，方显大智大慧。

名利、权杖、财富……多少人趋之若鹜，为此奔忙，劳碌一生。失去名利或许会让我们一辈子默默无闻，无法名传千古，无法白玉为堂金作马，但是得到了名利我们有可能会失去更多，健康、朋友、亲情以及优雅的心。

人多是热衷于“有”，很少的人热衷于“没有”。殊不知，“没有”也是一种“有”。没有车，可以步行锻炼身体，得到健康；没有头衔，可以不必让灵魂缀满叮当作响的勋章，得到安宁……

人，生而为零，死亦为零，不论多少财富，多少名望，都不过是零后面的数字，你叠加了多少，都不过是一种假象，虚荣的假象。你叠加得越多，证明你的虚荣越是茂盛。

无争，眼明。无争，耳净。无争，身轻。无争，心宽。

无争，令人想到著名的梅花，暗自在寒冬里开放，“无意苦争春，一任群芳妒。零落成泥碾作尘，只有香如故”。那与世无争的香，不知会令尘世里多少庸脂俗粉汗颜！

用诚实赢得掌声

那年我正在上中学，参加了一次演讲比赛。

那是一次级别很高的演讲比赛，要求演讲者就美丽、博学、勇敢和诚实哪一个更重要展开阐述。为了体现比赛的公正性，评审团偷偷地在角落里放置了分贝器，以每个人所获得掌声音量的分贝大小作为评审的参照。

我是唯一一个以学生身份参赛的选手。在这之前，我是高傲的。从小到大，我都是在一片喝彩声中度过的，不知不觉间，便有了一种优越感。为了这个参赛名额，我求了老师很多次，加上我在学校里确实非常优秀，全校老师最后一致推选我代表学校参加演讲。从报名到参加演讲，一直是那点所谓的自信在推动我，可是当一个个演讲者从容淡定地引经据典、旁征博引地进行了精彩演讲之后，我的自信心第一次受到了重创。我开始紧张了。我清醒地看到了自己和他们的差距，简直是天壤之别。我开始后悔自己辛辛苦苦争取来这个机会了，但一切已经来不及，马上就要轮到自己演讲了。

演讲会场上的掌声此起彼伏地响起，评审团的工作人员不停地测着掌声的分贝。

在那些于某个知识领域小有名气的人物面前，我有些战战兢兢地上台了。本来那个演讲稿在脑海里早已是滚瓜烂熟的，但不知道怎么了，看着台下黑压压的人群，竟开始前言不搭后语，甚至有那样一刻，脑子里一片空白，那些演讲词被我忘记得一干二净。在经过了几分钟尴尬的沉默之后，没办法，我只好为自己打了个圆场："不好意思，对不起大家，我把演讲词忘了！"这时候台下开始出现小面积的议论，继而是大面积的嘘声，我涨红了脸颊，低着头匆匆地离开了演讲台。

我躲到角落里，仿佛是在经历世界末日一样地等待着演讲会的结束。家人和老师的安慰使我更加感到难过。

演讲会结束了，一位律师身份的演讲者凭借渊博的知识和动感十足的演讲表现获得冠军，他赢得了现场观众热烈的掌声，掌声的音量超过了80分贝！而我的掌声音量为零！

主持人在最后总结的时候特别提到了我，说我作为一名学生，能够有勇气来参加比赛本身就是一种成功。我和所有参赛者一起被邀请到了演讲台上，每个人要做一段最后的致辞，我不得不再一次拿过那让自己难堪的话筒。

我说自己虽然忘掉了准备好的演讲稿，不过在心里另外生成了一份没有草稿的演讲稿，希望主持人能给我一个表达的机会。

我说："现在我才知道，今天我来这里，是有些自不量力的。我以为自己穿上了漂亮的外衣就是美丽，我以为自己每门功课都考了第一就是博学，我以为自己敢为女同学出头找欺负她的男生算账就算勇敢，我以为每天晚上对妈妈如实汇报学习和思想情况就是诚实，但是很显然，我是太过幼稚了。在今天这些老师的面前，我第一次感觉到自己的渺小，我觉得自己就是那只第一次跳出井底的青蛙，看着广阔无边的世界，置身浩瀚的知识海洋，只有惊呆和惭愧！所以，在这里，我深深地打量了自己，我所自认为的美丽不再是美丽，我所自认为的博学不再是博学，我所自认为的勇敢不再是勇敢……"

现场开始安静了下来。

"但是今天，"我羞涩地笑着说道，"我认为自己唯一值得表扬的地方就是诚实，因为我确实是把演讲词忘掉了，而且是忘得一干二净。"

现场观众开始发出了善意的笑声。

"所以我认为，你可以不美丽，但你不可以不博学；你可以不博学，但你不可以不勇敢；你甚至可以不勇敢，但你无论如何，不可以不诚实！"

现场爆发出了热烈的掌声！评审团惊奇地发现，我所获得的掌声音量接近了 90 分贝！竟然超过了今天的冠军。

虽然我在美丽、博学、勇敢上都输给了别人，但我用我的诚实赢得了掌声！

没有绝对的好日子，只有十足的好心态

或许是老了，最近总是莫名其妙地感到烦躁，对什么都提不起兴趣来，内心如同死水一般，泛不起一点波澜。脚步也不再轻盈，就像灌了铅一般的沉重。

妻子则截然相反，依然向日葵一般热爱着生活，在网上疯狂购物，给我买衣服，专挑那些年轻的款式。我质疑："我都多大岁数了，这个有点穿不出去吧。"

"谁说的，我看刚刚好！就这身了，穿着上班去。"

妻子不容分说地推我出门，阳光呼啦啦地泼了我满身。同事们惊呼："这一身，可真帅！"

史上最红的日出，浮现在我略显沧桑的脸上。不过，从此我也领悟到，皱纹生在人的额头，不应该生在心里。

在妻子这棵向日葵面前，我怎么可以是黑色的曼陀罗？

因为血压高，妻子对我喝咖啡控制得很严，可是我戒不掉它。夜深人静的时候，我需要用它的香气做诱饵，引缪斯上钩。就像有些文人，用酒或者香烟做诱饵一样。

我得出的结论就是：缪斯其实是一个不经诱惑的饕餮之徒，你看，不管什么诱饵，好像都可以随时将其钓出来。

趁着妻子不注意，我又偷偷给自己冲了一杯咖啡，因为实在舍不得这个安静美好的夜，我需要它引我去和缪斯约会。正和缪斯耳鬓厮磨缠绵之际，妻子夺走了我的咖啡，换给我一杯热乎乎的鲜奶。“我宁可你写不出东西，也不能让你得了病。”妻子不怒自威地说。

肩周炎犯了，她给我按摩，轻重拿捏得很到位。我说：“你怎么这么好啊！”

“你看你这鬓角长了这么多白头发，脸也有褶子了。”她心疼地说，“你是咱家顶梁柱，照顾好你就是照顾好了日子。”

穿着淡蓝色睡衣的妻子，倚在窗边，窗外那个有小半个缺口的月亮，仿佛就伏在她的肩头，像一只乖顺的猫。

妻子喜欢包饺子，严格地说，她包的饺子并不十分好吃，可是她乐此不疲。也许包饺子的那一道道程序会包含进去太多的东西，繁忙的个把小时程序，只为了吃的人几分钟的幸福。她把一个个日子照顾得无微不至，让每一个日子都活色生香。

妻子如此贴心，我自然要投桃报李。夏夜，我会守着她和孩子都睡着，然后解决掉那个隐藏很深的蚊子，检查一遍门窗是否关紧，那一刻，内心伟岸无比，觉得自己是巡视天下的帝王。和那些把时间排得满满，甚至没有自我时间的成功人士比起来，我宁愿做这样一个顾家的小男人，会笑，会做饭，会修小家电，会帮妻子洗内衣，会在一早起床快速收拾好老婆孩子随手丢在角落里的袜子，会在市场买到最新鲜的鸡蛋、牛奶和蔬菜，早晨跑步回来，路过早餐店，买她们爱吃的馅饼和绿豆粥，然后，拉开窗帘，轻轻地将她们唤醒。

所有的婚姻都不是大厦，而是风雨飘摇的小屋，需要两个人互相去支撑、爱护。不要指望婚姻有多牢固，最主要的是要为婚姻营造风和日丽的环境，你想想，如果每一天都是阳光普照，鸟语花香，那我们即使住着敞着篷的茅屋又有何妨，不照样是快意浪漫的生活吗?

这么精心照顾的日子，怎么好意思再生出皱纹来呢!

「你看这个世界的角度，
决定了这个世界给你的温度」

7

做一个寡言
却心有一片海的人

王小波说："我选择沉默的主要原因之一：从话语中，你很少能学到人性，从沉默中却能。假如还想学得更多，那就要继续一声不吭。"

很多时候，人沉默不是因为不善言辞，而是不愿言辞，他们其实洞悉着一切。沉默的人像海绵，吸纳光，吸纳暖，吸纳别人的悲欢，某一天，那些光就会变成美好的文字，那些暖就会变成跃动的音符。

张晓风曾写过一篇文章《在D车厢》，写她和家人一起去英国玩，他们的火车在众车厢中有一个特别的D车厢，是个很安静的车厢，不许说话，不许制造噪声，非得说话可以传纸条。我心想，真是太好了，我可以想任何事情，写任何东西，一点都不吵。车厢里的每个人都有绝对的自我，绝对的安静。

这种设计很是令人称道！旅客买的是座位，但很可能他也希望同时买到属于这座位的宁静，做人很难一天到晚都不言语，但在坐火车的这段时间，可以保有片刻的安静是很好的。

车厢里，人们或埋头读书，或闭目思考，或托腮望着窗外，每一个人都是一块沉默的海绵，吸纳着宁静世界里的光。

“冰山在海里移动很是庄严宏伟，这是因为它只有八分之一露在水面上。”这是海明威的“冰山理论”。冰山漂浮在海面上的时候，我们只能看到它露出水面的一小部分，可是在水下，却潜藏着巨大的山体。海明威以此比喻写作：作家有八分之七的思想感情是蕴藏在文字背后的，真正通过笔端表现出来的，只有八分之一。如果作家能够处理好这一点，读者就能强烈地感受到这八分之一背后的沉默的力量。

在生命的天空下，沉默的、伟岸的冰川，正在缓缓移动。

从上苍的视角看，我们几乎是一样的，像工厂的流水线一样，千篇一律。多少人，身体露在阳光之下，灵魂却被关押在黑屋子里。所以，每个人都应该去追寻自己的黄金时代，发光散热，而不是在趋炎附势中迷失自己。一种动物总想着吓唬别人，于是就长成了蟾蜍，长成了蜥蜴；另一种动物总想着取悦别人，便长成了孔雀，长成了百灵。有一天，我发现我真的喜欢上了静默，就算与山风为邻、雨露为伴，我竟能冥想山风的清，舔舐雨露的净；真的走进了霓虹旋转的道场，我亦能不言不语地道破欢喜。

生命时而奔放，时而缠绵；时而眼波间物欲横流，时而心湖上一叶惊秋；时而痛不欲生，时而歌舞升平；时而愤世嫉俗，时而刻意伪装……理想重，所以千折百回；爱情重，所以焚心痴狂；事业重，所以忍气吞声；亲情重，所以省吃俭用；金钱重，所以蝇营狗苟；友情重，所以顾此失彼。因为重而担当，因为担当而享有，因为享有而丰富，这是一个人对自己内心最大的开发。承受那些重，接受那些苦，忍耐那些痛，只为了生命的花园里，要开出不同寻常的花。

人过中年，似乎已没有了力气去为某件事热烈地争辩，也不再有什么事值得去逞一时的口舌之快，终于懂得了云淡风轻的好，亦懂得了在喧嚣中独善其身，去做一个沉默的人。沉默的人，心中必然藏着深深的一片海。

生而为人，一定要热爱点什么

母亲经常和我们讲发生在她那个时代的故事，她讲得头头是道，我听得津津有味。她讲的一个“老戏迷”的故事，尤其令我印象深刻。

母亲那时候还小，村里有一个从外地逃荒来的人，我们这里管这些人叫“跑盲流”的。他是外地户，自然没有他的土地，只好在村里的煤窑出苦力。每日几乎都是窝头就着咸菜，再加一碗汤，终日里不见细粮，更别说荤腥了。他爱抽烟，自己又买不起，只好弄些劣质旱烟卷着抽，赶上村里开个群众大会啥的，他总是最后一个离开，拿一把扫帚把男人女人们扔掉的烟蒂扫到一起，然后挨个扒开，眯着眼睛，极贪婪地掏取里面所剩不多的烟丝，再存储到自己的烟盒里。

这样一个人，荤腥沾不到，连烟都买不起，却迷恋上了看戏。平日里一分一毛地攒，攒够了一张票的钱，就跑去县城里看场戏。

这可真称得上是地地道道的老戏迷了！

有好事的人猜测，有的说他看戏是假，“逛窑子”是真，把辛辛苦苦挣的血汗钱全都搭到狐狸精身上去了。还有人兴致勃勃地给他编了一首打油诗：“一个窝头一碗汤，十斤汗来十车砖；盲流有劲不觉累，出了砖窑逛花窑。”也有人说他看中了那个唱戏的花旦，几天不见一回就会魂不守舍。各种谣言不一而足，他并不反驳，只是一味地笑，嘴里不忘哼哼着刚刚学会的几句唱腔，完全一副陶醉的模样。

在村人看来，他是不务正业的，因为他不该享有那份“奢侈”，他就该守着他的砖窑，日复一日地劳作。有人奚落他，有那钱不如买上二斤肉、一壶酒，好好犒劳犒劳自己。何必呢？听那两段戏，能长二斤肉啊？

他不置可否，只是喃喃地说，隔几天听一回戏，心就不那么空了。

他打了一辈子光棍，因为没有人照顾，再加上年轻时严重透支了健康，刚过了60岁就去世了。临终的时候，他把这些年攒下的很大一笔积蓄都给了老支书，说自己反正也无儿无女，让老支书用这钱为村里做点事，修修路，或者翻修一下村里的学校，也算让村人对他留个好念想。

出殡的那天，老支书请来了一个戏班，唱了整整小半天的戏。如果在天有灵，他定会对自己这奢侈的谢幕仪式感到十分满足的吧。

这是个令人心生敬意的人，他于贫瘠的时光里，主动给自己订购了一份奢侈，这件事本身的意义甚至高过他生命尾端的那个高尚之举。

生活需要一种奢侈，那是给疲惫的灵魂敬的一杯酒。

如今，每次回农村老家，我都会被小广场上那些扭秧歌的人感动。那些农人们累了一天，有的衣裳都没来得及换，就拿起扇子扭了起来。

秧歌是劳动者的翅膀。不论多劳累，都可以舞出一份奢侈的激情来。

死水尚且有微澜，何况是有花有草、有风有雨的生活，岂可就这样白白地沉寂、默默地荒废了！

红尘之外，还有星辰大海

我一直在想，一个人若是披着月光，蘸着花香，说出的话会有哪些不同？

我的一个学员的老公，和我一样，也是个写作者。他有个很有趣的笔名——咸济，仿佛是一个药店的名字，大概他取这个名字的时候，本意是想用文字为受伤的尘世疗伤吧。

他开着额定人数的作文班，养身立命。他从不多收学生，说班上学生多了就教不好，心就会浮躁。

他喜欢安静简单，对事务的干扰，让他很不自在也很不耐烦，总恨不得能一时半会儿就把所有事务处理完，以便尽快回到自己喜欢的安静与思考中。

他有精神洁癖，朋友邀酒必先一一问清与谁共桌，如预先说好的人员有变动，走至半途也会返回。尽管如此，他在外赴酒宴还是常常带着一肚子伤感回家，不想和人较真往往还是较真。他害怕人与事的纠缠，看似热闹的里面空无一物，所以更多的选择是逃离。只要一有空闲，他就会下乡爬山，湖边看水，他说人的浊气只能在大自然中洗净。

他为自己开辟了一处小花园，养各种各样的花和许许多多的草莓。那是他为自己的心找的“同伴”。他的心需要从那里得到种子出土时的期待、花朵开放时的激动、手捧花枝时的幸福，甚至是一身汗水、满脸泥尘和弄脏的手无处可放时的讶异。

摘下的草莓大都是被老鼠咬过的，他却并不讨厌那用破坏来走访他花园的小老鼠，甚至但愿它和他一样，都可以在那里玩得很开心。虽然也会用气冲冲的样子喊出几声“可恶”，但感性的瞬间，他的心却可能会与一只小老鼠变成“知己”。哪怕他们对草莓有不同的想法，但至少那只小老鼠和他一样，都喜欢逗留在那片绝密的小花园，搜寻他们眼中的宝贝。

当小老鼠可以在这里对草莓左审右看、又咬又亲的时候，他也在这片花园里，任性地摘下春天里的第一朵花，采集一包包的薄荷叶，笑吟吟地哄那棵三年都不开花的芍药说“我爱你”……累了懒了，坐在侧倒的枯树干上望天看云，可以不要求也不被要求，在花园里化神成仙，快乐不已。

除此，他还觅得另一方安静的好去处——庙宇。常维法师识他性情，让出庙里一隅净地，让他在那里独处，喝茶读书，听佛音缭绕。

他说，淡泊名利的，生活定然简单轻松；回归简单的，就会活出自己的心性。

这是一颗多么干净的心！

喜欢日本插画师山田绿笔下的猫，它总是慵懒怡然地、慢吞吞地走在花丛里，或许是想找一处最舒适的树荫来小憩。

毛线团一样的猫，蜷缩在世俗的角落里，怡然自得。只要有那么一处树荫，再喧闹的尘俗，都无法打扰它的酣睡。

如此看来，除了鱼和老鼠，猫的生命中还有其他重要的内容，比如寻找一处舒适的树荫。

人也一样，有什么是值得我们过分追求的呢？那样的“追求”，只会让我们慢慢变成臃肿的人。不要一味奔跑，应该学会优雅地踱步，去捕捉属于心灵的一片绿荫。

舍了红尘，遁入深山老林，我想那并没有多么了不起，能在繁华处觅得清欢，寻得幽静，并安然相处，左拥淡雅，右倚繁华，这才全然是真的隐士。

你不绝望，人生就充满希望

我认识一个中年男子，魁梧黑壮得像个铁塔。他是一名音乐老师，在一所不甚知名的学校里，教小学生最基本的乐理知识，领着孩子们唱天真的童谣。在一间间教室里，他背着一架用了许多年的手风琴，像一只蜜蜂一样欢快地飞着。当童稚的歌声从那样一个大男人的胸中迸出，模样真有些滑稽。他的学生是那样真诚地爱着这个同他们一样纯真的老师，爱着他的快乐无忧。

直到有一天，学生们看到了让他们难以想象的情景：音乐老师领着一个比他自己还要高些的大男孩，在操场上吹着七彩的泡泡，那个大男孩有十七八岁的样子，可他咧嘴笑的时候，脸上写满了三四岁孩子的快乐，透着与众不同。

大男孩是音乐老师的儿子。他出生的时候，也是一个白胖粉嫩的可爱孩子，当他蹒跚学步的时候，音乐老师是用音符为儿子的步履伴奏的。可是孩子长到三四岁以后，身体发育日益强健，智力的脚步却停滞不前。几乎没有父母会平静地面对这种情况——孩子是一个先天性弱智儿童，他的智力水平永远只有三四岁。

本来英俊硬朗的音乐老师在得知这个结果的时候，一下子被抽干了心头的水分。可他必须面对那个只能在三四岁的日子里快乐玩耍的儿子，在自己心中滴着血的时候，作为父亲，他得让那个孩子像其他正常孩子一样快乐。

音乐老师为此究竟付出了多少比别的父亲更多的辛劳，外人是无法得知的。即使上了一天的课，累极了，也被不听话的学生气极了，但只要望向自己的孩子，音乐老师的眼眸里一定会开满温情的花朵。

在那个弱智的孩子快乐成长的日子里，音乐老师也以快乐面对着这一切。有人说他曾号啕大哭过无数回，可他的笑脸总会与朝阳一起升起；学生们说音乐老师会在领着他们唱歌的时候，双眸中就慢慢浸满莹莹的泪光，然后到走廊独自站一会儿，回来的时候，又会张开双臂，对着他的学生们热情地说："来吧，孩子们，让我们再唱一遍《欢乐颂》！"

音乐老师的内心是痛苦的，但是他找到了让痛苦流淌的出口，他像一棵每天都要挨一刀，每天都要缝合伤口的橡胶树，用爱不停地释放着自己内心的痛苦。

古希腊一位诗人说："我身上有无数个裂缝，到处在漏水。"这是关于悲剧的最有力的诠释。悲剧就是撕开伤口给人看，这些流经生命，又从生命中渗漏出去的水，可以酿酒，可以醉人，可以醒世，可以洗心。这些痛苦使躯体千疮百孔，却让灵魂得到了升华。

一颗淡然的心，能解烦恼的蛊

法国作家蒙田有段文字，我很有感触，他说：

我们生活的责任，不是去打仗，去扩张地盘。我们最豪迈、最光荣的事业，应该是生活得写意，一切其他的事情——执政、致富、建造产业，充其量也只不过是这一事业的点缀和从属品。

的确，我们需要生活得写意。我们的时代也应该有更多的浪漫，而不只是工作。倘若我们只是日复一日地奔走，而不能有生活，有闲暇，有逗留，有感受更多不经意“瞬间”的意识，那该是多么无趣？

人要活在一种意境里，而不仅仅是现实中。

多少人，像一幅工笔画，每天按部就班地活着，陀螺一样机械地旋转，上紧发条的时钟一样地嘀嗒。这就像一间没有窗户的屋子，你不能通过这扇窗子去享受微风，去欣赏白云、绿树和红花，这样的人生注定是有缺陷的。

人要活在一种意境里，就像孤舟和蓑笠翁，嵌在柳宗元的江雪里；就像绿肥红瘦，掩映于李清照的梦境中；就像陆游执扇，唐婉弄钗。就像淡然之于陶潜，怆然之于陈子昂，怡然之于王维，戚然之于杜工部。

意境是一个人心中的那片海，头顶的那片天。

写意的人生，是凌驾于苦乐之上的淡然。

吃糠咽菜，衣不裹体，苦吗？苦！不过表面而已。比之山珍海味，穿金戴银，所谓的苦只是基于千百年来人类的一种主观评价。

活在憨笑的风里和微泣的雨里是不一样的。各得其乐，安于其所，穷富都不觉得苦，也不觉得乐。不论富裕贫寒，人五人六，男人女人，你都要不可避免地走向末日。

分分秒秒，不管是欲醉似仙的快乐，还是不堪忍受的痛苦，每一瞬息你都无法超越，只能老老实实地去享受或忍受。这才是活着的苦。

一个罗马尼亚女人，有着与中世纪巫婆相似的外表，有着与中国乡下农妇同样的温柔质朴的内心，站在布加勒斯特街头喷泉边，缓缓地对我说："生活给予了你什么并不重要，重要的是你只能承受。"借着内心荡漾的爱，她说出了与她外表惊人相符的预言般的真谛。

这是看透了苦，把苦当成咖啡来喝的一种超然。它就像一股清新的风，吹开了我心头的褶皱。

在现代人快节奏的生活中，需要我们出其不意地以静制动，试着静下心来思考，心平气和地面对诸多烦恼。这不啻为一剂清凉的药，让你在被现实困扰时，能听到潺潺的溪水声，感受到层层叠叠的鸟语花香。

正如蒙田那充满哲理的抒情文字描写的:“跳舞的时候我便跳舞，睡觉的时候我就睡觉。即便我一人在幽美的花园中散步，倘若我的思绪一时转到与散步无关的事物上去，我也会很快将思绪收回，令其想想花园，寻味独处的愉悦。”

一颗淡然的心，能解这世上所有烦恼的蛊。

放过自己，但别放弃自己

她的屋子里到处都是他阳光下的照片，她的日历里记满了和他有关的一切日子：他的生日、和他初识的日子、结婚的日子……包括他奔赴天堂的日子。

他的离去令她猝不及防，她不敢相信，那倒在车轮下的爱人没有一句离别的话，就只身去了天堂。一对幸福的人，正在成长为一体的生命，生生被死亡掰开了，到处都流着血，包括记忆的每一个缝隙。从此，每一次催促的鸣笛，都令她惊慌失措，每一次尖叫的急刹车，都会伴着她的心碎裂的声响。她不敢再走那条路，宁可多走 1 小时也尽量绕着它。司机不解地问原因，她胡乱地解释：那条路边上的建筑物太多，终日见不得阳光，让人心里不舒服。司机摇着头，不时地通过镜子打量这个怪异的女人。

她的心开始在那些伤心的过往中发霉，她与这个世界之间，隔了厚厚的一堵墙，阳光无法穿透。

情人节那天，公司给每个人都发了两张音乐会的门票，让员工陪同自己的爱人一起去听音乐会。她刚刚有些平复的心，又一次被人扔进了伤感的石子，记忆的涟漪又开始荡漾开来，心像枯叶一样在水面飘着。

她一个人去了剧场，忧伤的音乐起起伏伏，在她面前布满往事的沼泽。刚刚有些鲜活的生命，又一次在悲伤里陷落下去，她似乎注定了要在怀念中衰老，在怀念中慢慢脱落最后一颗牙齿。

他忌日的时候，他的亲人们来了，在他的墓前放满了鲜花和哀思。劝慰她的同时，特意交代她，别忘了常来他的墓前看看，他很孤单。她应着，冥冥中与记忆的苦痛签订了终身合同。

她在他的墓前哭着，可是这一次，她不是为他，而是为她自己。阳光那么灿烂，却不属于她。人们递给她手帕，其实人们不知道，最好的安慰人心的手帕是让她学会忘却。

看到她郁郁寡欢、魂不守舍的样子，朋友们自是急上心头，想尽一切办法，试图让她的心重新布满阳光。

朋友们请她去聚会，可那样热闹的场景，往常都是她和他一起参加的；朋友们陪她去登山，她想如果他在，一定会走在她的身后，用手托着她……她强颜欢笑，只是不想让朋友们跟着难过，但当她登上了高高的山顶，除了耳边的风声，她感觉一切都不存在了，她忘却了一切。霎时间，她感到了自己的渺小，也感到一种从来没有过的轻松，风恣意地吹着她的长发，吹走她心底的哀伤。那份束缚灵魂的苦痛从双肩上卸了下来，然后被抛向深深的谷底，她大声地喊：“唉……”换来的是山的那边欢快的回声："爱……"

朋友们终于找到机会开导她了：你爱他，就要为他好好活着。有些时候，忘却不是背叛，是你对这个世界的另一种爱，是天堂里的他对你的最深期待。

她含笑不语，其实这山顶上的风早已令她醍醐灌顶：人，不该被记忆的绳索牵绊。

她重新回到生活中来，用忘我的工作渐渐埋住过往。

有人说鱼的记忆只有七秒钟，七秒一过就不记得发生过的事了，每一个游过的地方又变成了新的天地。所以鱼是快乐的，它们不会在幸福或者哀伤里沉溺太久。

忘却不是背叛，而是即将枯死的树上发出的新芽；是唯一的手帕，可以去抚慰种种历经苦痛的灵魂。像鱼的七秒钟，想不起前世，想不起苦痛，只有恍惚的背影，只有似曾相识的朦胧，这些已足够。

当你对一段感情纠结得体无完肤、心疼欲碎时，何不干手净脚，舍了那份情债。转个身就是天涯。

海阔天空的天涯，逍遥自在的江湖。

人生就像一盒巧克力，你永远不知道下一颗是什么味道

《阿甘正传》里的阿甘是一个身上有着先天性残疾的人，因为智商只有 75 而不得不被送进特殊学校。但他一直听着妈妈的教诲，从不放弃自己。他从一个橄榄球健将，到一名越战英雄，再到捕虾船船长，到最后，他以先天性有残缺的身躯跑遍了整个美国！他达到了许多智力健全的人也许永远也不可能企及的高度。

一个正常的人，拥有判断能力，他知道什么是重要的，什么是不重要的。一个正常的人，可以有很多选择，所以总是在等待时机。一个正常的人，不会把精力浪费在没有用的地方。但阿甘偏偏不是个正常人，他的智商比普通人低，他甚至差点就进了智障学校。女朋友、学校球队、部队、打乒乓球、养虾、跑步，似乎他的一切都不是自己在选择，而是别人在选择。当然，他也不会去问“人生是什么”之类的问题。他只会傻傻地去做一件又一件的事情。

阿甘的故事让我懂得一个道理：选择很可能误导人生。因为选择太多，有的人没有用心地做事，这种态度进一步影响了他的人生。面对人生，或许应该有这种准备："人生就像一盒巧克力，你永远不知道下一颗是什么味道。"

那么，顺其自然就好。让一颗心平平稳稳地行走在没有预先设计好的轨道上，那是一片全新的天地。

如果你的一生都在选择中度过，最终将无从选择。

琳琅满目的商品，只会使你眼花缭乱，本来看好的拿在手里的一双鞋，却因妻子的一句"再走走，没准有更好的"而放下，结果最后是"掰了苞米丢了西瓜"。

百花娇艳，一朵就够；绿叶葳蕤，一片足矣。

太阳每天都是新的，人生每天都是特别的日子。有的人，拼命攫取着，总想更多，以备不时之需，总想比别人更多更好，攀比着，奔跑着，其实，生命是有限的、脆弱的。广厦千间，夜眠八尺，人，有时真的无须太多。

选择是一副祖传的失效的老花镜，只会让你的人生轮廓更加模糊。选择题是一个人一生要做的最多的题，不论单选还是多选，都是贪婪之心在作怪。

生命，其实很简单，无须太多选择。弱水三千，只取一瓢饮，足矣。

生命的裂缝，是阳光穿过的地方

许多年以前，我曾经看过一个文学爱好者做过这样的自我介绍——

笔名：简爱。喜欢做的事情：飘。崇拜人物：三个火枪手。住址：呼啸山庄……

看到这里，我已经笑出了声，但当看到最后，知道了她是一个坚强的残疾人，虽失去了双手，却依然乐观地每天用嘴咬着笔来铺展她的文学梦想时，我的笑里便有了苦涩的味道。

她是个有裂缝的人，但她的裂缝里装着快乐，她用诙谐掩盖悲痛，给我们一个坚强而自信的背影。

我有个远房的表姑，她的小儿子是个先天智障，智商低于80。这小儿子懂得吃穿，懂得干体力活，但读书不成。他总是让人摸不着头脑，却又似乎暗藏着玄机。

表姑说这傻儿子平时非常孝顺，可那天夜里他犯了邪，晚上强行让他睡觉他不睡，半夜里他起来喊叫让全家人都穿上衣服出去。表姑以为他犯了傻病，就劝他别胡闹。他急了，到厨房抄起擀面杖和铁铲就逼一家人起来。这样，全家人只好半夜起来到他们平房外面站着，盼望着这孩子早点清醒起来，然后进屋睡觉。可好说歹说，这孩子就是把着门谁也不让进。等到凌晨四点过后，轰隆隆天摇地晃，呼啦啦大厦倾倒。刹那间尘埃遮月，天上地下一片漆黑，惨叫声不绝于耳，天明后残垣断壁满目疮痍。大地震将他们的房子夷为平地后，这个智障的孩子哈哈大笑跑了，全家人惶惶然不知所措。

表姑这才想起原来这孩子有第六感，跟猴子、大象似的，救了全家人。

这也是一个有裂缝的人，但他的裂缝里装着第六感，那是上天格外的恩赐，就像上帝为一个人关紧了门，却偷偷打开了一扇窗一样。

每个残疾人都值得我们去尊重。史铁生在《给盲童朋友》一文中说："我们是朋友，但并不因为我们都是残疾人我们才是朋友，所有健全人其实都是我们的朋友……我们除了比别人少两条腿或少一双眼睛之外，除了比别人多一辆轮椅或多一根盲杖之外，再不比别人少什么和多什么，再没有什么特殊于别人的地方，我们不因为残疾就忍受歧视，也不因为残疾去摘取殊荣……我们靠货真价实的工作赢得光荣。当然，我们也不能没有别人的帮助，自尊不意味着拒绝别人的好意……"

就像有裂缝的陶罐可以去浇花，那些不幸的人也一样，虽然是残缺的，但残缺的生命一样可以如彩虹般美丽。

人生的美满就隐藏在不美满之中。美满像个喜欢和你玩捉迷藏游戏的孩子，露出白得发亮的牙齿，在暗处的角落里，顽皮地窃笑不止。它在告诉你，这个世界需要不完美的你。

加拿大歌手莱纳德·科恩说："每一个生命都有缝隙，如此才会有光线射进来。"

是啊，没有裂缝的生命，接受的是铺天盖地的阳光，那是泼洒，是倾泻。而有裂缝的生命，接受的是穿过缝隙的阳光，这时的阳光是抚慰，是疼爱。

阳光就是这样，喜欢穿过裂缝去亲吻每一个人。

聪明的极致
是厚道

小时候，家里需要一头拉磨的驴，父亲去马市逛了一天，最后却买回来一匹很老迈的驴，母亲埋怨父亲糟践了血汗钱。父亲说，卖驴的那个人领着一个和咱孩子差不多大的小男孩，小男孩舍不得这头驴，一个劲儿摩挲着驴头，哀求他爸爸不要卖了。我看他们那副可怜样，一定是家里遭了难或者得了病，能帮一把就帮一把。母亲说："你也没问，怎么就知道人家里有人生病？"父亲说："我闻出来的。"他把驴缰绳拿给母亲闻，一股淡淡的中药味，说明主人经常熬中药，父亲以此判断他的家人生了病。

只要心怀善念，你可以通过任何方式感知别人的苦楚。

一个冬天。查尔斯·兰姆在街上急急忙忙地走，一不小心滑倒，摔了个仰面朝天。他赶紧爬起来，生怕被人发现。可是抬头一看，一个扫烟囱的小孩正冲着他笑呢。"他站在那儿，用他那黑黑的指头向我指指点点，让大伙儿瞧，特别是让一个贫穷妇人瞧（那大概是他妈妈）。在他看来，这件事太可笑，太有趣，笑得他眼泪都从那红红的眼角流出来了。他那眼睛是因为平时常哭，再加上烟熏火燎，才变得那样红红的。然而，在万般凄苦之中，他那眼睛还是闪耀出一点儿得之不易的快活的光芒……”这时，兰姆想的是：“一个扫烟囱小孩的嬉笑里是丝毫不含恶意的——只要一个上流君子的体面能够容忍得了，我情愿站在那里，做他的嘲笑对象，一直站到深夜。”我完全相信兰姆这份心意的诚恳，但他的身子骨恐怕吃不消。不过，在这个凛冽的冬天，我能感受到兰姆身上飘荡的春风。

在20世纪三四十年代的中国社会，有一句极为出名的流行语，就是“我的朋友胡适之”。当时，“上至总统、主席，下至企台、司厨、贩夫、走卒、担菜、卖浆……行列之中都有胡适之的‘朋友’”（唐德刚语）。作为一名学者，他身处“文人相轻”的环境，但他却能以自己巨大的人格魅力凝聚起了一大批知识分子，做出了许多开创性的工作，建立了巨大的历史功绩。胡适胸襟广阔，具有伟大的包容精神。他以自己无上的智慧洞悉了人间的光明和黑暗，悟透了人生道路的平坦和困顿，修炼出用自己的胸襟去包容世人、包容宇宙的宗教般的度人济世的情怀，获得了社会各方面的高度赞誉。正是靠着这种博大心胸和乐观豁达的精神，胡适得以从容地周转于当时严酷的政治与社会环境中，并以自己的地位和努力为众多文化界人士的生存创造了有利的条件。也就是说，在那个动荡的年代，胡适曾经向很多朋友和学子提供过无私的帮助。胡适自己也说：“我一半属父母，一半属朋友。”

在陈之藩先生看来，胡适先生的气场一定像是和煦的春风。“并不是我偏爱他，没有人不爱春风的，没有人在春风中不陶醉的。因为有春风，才有绿杨的摇曳；有春风，才有燕子的回翔。有春风，大地才有诗；有春风，人生才有梦。春风就这样轻轻的来，又轻轻的去了。”这是陈之藩在胡适逝世时写的悼念诗。

一个人的人格魅力大抵如此。

安吉拉·卡特写过一个童话：一个冷得直哆嗦的老妇人，问不死的太阳，为什么她总也暖和不起来，就算一件套一件地穿了三件裘皮大衣也还是觉得冷。不死的太阳告诉她：“你得施舍两件给穷人，这样良心就会安稳，就会觉得暖和了。”

为什么你会觉得冷？因为你只给自己的躯壳披了衣服，良心被晾在一边，自然心就凉了。因为，你的身上没有飘荡着春风。

你若行善，不必在意身处何地、何时，只要你身上飘荡着春风，温暖便会从你那里开始蔓延，慢慢铺满整个尘世。

别急着托付，先吹吹冷风

不论是电视剧还是畅销书，铺天盖地渲染着爱的轰轰烈烈。看惯了爱的炽热，一旦有一股小冷风穿过，还真是别有一番滋味。

在一个专营“过桥米线”的小店里，我看到一个男人和一个女人。从样貌上看，男人明显比女人年轻。凭感觉，这好像是一对暧昧的网友。

我看到那男人有些拘谨，坐在那里时不时地望向别的地方，有些心不在焉。那女人问他，要不要喝点啤酒，男人点了点头。

女人从钱包里掏了零钱要了瓶啤酒，男人始终没有露出笑脸，大概是嫌女人找了这个过于便宜的地方吃饭吧。但看样子那女人也不是很富有，穿着打扮上也很是普通。大概和他想象中的样子大相径庭吧，所以提不起他的兴致来。

两个人闷头吃着，女人时不时地拿餐巾纸去擦那男人的嘴巴，照顾得很周到，男人似乎并不领情，一句谢谢也不说，好像这一切都是他应该领受的。

“吃完饭我们去哪里呢？”女人依旧殷勤地问着。

“随便吧。”男人有些不屑地说，“就你们这种小地方，能有什么好玩的去处？”

听到这样的话，再蠢的女人都该能听出话中的含义了吧。这一次见面，大概把之前所有的美好都统统打碎了。

看在眼里，颇为那个女人不值。她该是被自己一厢情愿的热情烫伤了吧，皮肤和内心定是针扎似的疼！

而生活中是不是也经常有这样过分的热情？就像一朵过于绚烂、过于搔首弄姿的花，猝然间遇到一股冷风，使她瞬间凋枯。

一个女人爱上了另一个男人，男人也似乎真诚地爱上了她。因为当女人没有美貌和特殊背景时，感情就会变得相对纯净。就像你会怀疑百元钞票的真伪，但不会怀疑几毛钱的纸票。他们爱得迷乱，爱得纠缠，可是时间还是会介入人类感情的鉴别之中。有一天，男人对女人说：“也许我们这样就已经是最好的了，否则我们双方生活在一起，还会被现实的各种问题弄得心力交瘁。”

女人明白，这一句话是在为他们的爱设置了底线，限定了高度。女人这时已经在男人的帮助下有了自己的生意。他们没有明确什么，只是一些东西自然地淡了下来，心不知什么时候起就已经准备好了对结局的承担。奇怪的是，她并不觉得悲凉，反而在这股小冷风里得到了些许解脱和自在。

一年有四季，如果日日酷暑，任谁也是吃不消的。这小冷风就像你温柔乡里的一个冷战，靡靡之音中的一记惊堂木。爱中有冷热，世态亦炎凉，不妨吹吹小冷风，使你的心得以清醒，懂得辨别。

「在妙不可言的等待中，
等待随便哪种未来」

8

在微小的日常中汲取欢愉

一场雨刚过，蘑菇疯长，第二天天刚亮，漫山遍野就已经铺满了人，采蘑菇的人貌似比蘑菇都多。

我和妻子也在众人之中，收获颇丰。临近中午，人群纷纷从山上往山下撤离，有零星的人却恰恰相反，迎着我们，往山上去。这被无数人翻采过的山头，要想捡几个“漏网之鱼”还真是不太容易。

迎面来了一位白发老者，虽然拄着拐棍，但精神矍铄，或许是我们嘲弄的话无意间飘进了他的耳朵里，他微笑着像是回复着我们又像是自言自语地说：“我就是来赶中午这一拨的。”

很多人都选择了在早晨采蘑菇，熙熙攘攘地随着人群，殊不知，蘑菇的成长是很快的，早晨还是肉眼看不见的，中午就冒了头，所以，你就算是中午来，一样可以有所得。

他不争不抢，哼着歌儿，在他眼里，捡拾的不仅仅是蘑菇吧，应该还有一颗小小的欢喜的心。

还有一对小夫妻，领着刚会走路的胖嘟嘟的孩子，以玩儿为主。大概没采过蘑菇，进山许久，两手依旧空空。

看到我们采了这么多蘑菇，他们倒也很是羡慕，年轻的爸爸有些自嘲地说：“我们和孩子来，能捡到一对儿蘑菇就算成功。”

他给自己设定的目标低得离谱，所以，他离快乐最近。

不一会儿，就听到他在那边大声地喊：“我们已经成功一半啦！”他采到了一朵蘑菇，举在手里，向他的太太欢快地展示着。

他欢喜的心，在整个山里都看得见，听得到，很多人的心都在慢慢向它靠拢，包括我自己。

岳母是农村女人，身上贴着因为精打细算而显得小气的标签。她的二女儿是做教师的，教师节的时候收到很多学生送的花，就拿出很大的一捧去送给岳母，岳母当即就训斥起来：“这么不会过日子的败家孩子，这一大捧花够买多少棵大白菜啊！”听说是别人送的后，她又立马释怀了，急忙捧来一个花瓶，装满了水，把花一枝一枝放进去。看包装纸太漂亮，不舍得扔，就直接包在了花瓶外面，美滋滋地那么看着，仿佛把整个春天请进了家里。

一直不知道，她还有这样一颗小欢喜的心，只是，这么多年来，一直都没有多余的一分钱来给这份“奢侈”的心献上哪怕一枝花。

诗人痖弦对女儿说：爸爸一生的文学和人生都失败了。女儿说：失败才更像一首诗啊。一颗欢喜的心，在成功与失败之间，看到的不是功利的得失，只是诗句的抑扬顿挫。

《近世丛语》里有个很有趣的故事。有个樵夫，在山上砍柴时常去一座寺庙里歇脚。和尚很热情，总是以茶相待。有一天，樵夫问和尚，喝茶有什么好处。和尚说，喝茶有三大好处。一是可以消食；二是可以提神；三是可以寡欲。樵夫听了，说："哎呀，这三大好处对我来说是三大坏处啊！我本来就是吃糠咽菜，肚子里没多少油水，喝茶还可消食，怪不得我在您这里越喝越饿呢！我早出晚归，每天都很辛苦，晚上美美地睡一觉真是舒服啊，而喝茶提神，让我睡不着，那可太痛苦了！至于寡欲，就更不好意思了！我是有老婆的。我虽然穷，但对老婆很亲热。如果我喝茶寡欲了，她会待不住的啊！"樵夫要求下次来时喝点井水就好。喝茶对于樵夫而言，实在是太不实惠了。

如此看来，只要内心欢喜，吃糠咽菜，喝着井水也是欢娱的。幸福的人总能从微小的日常中汲取到欢愉，在粗粝的人间寻觅到无可替代的爱，并能一念多年。就像林清玄说过的那样，如果心水是澄静的，那么就日日是好日，夜夜是清宵。

在山里，我总是会刻意把最小的蘑菇留下，留给下一波来采蘑菇的人。别小看那故意留下来的小小的蘑菇芽，那是我留下来的小小的欢喜的心，等待有人与我一起去分享。

岁月未存慈悲，
但求不失初心

21 岁的那个夏天，我一个人去澎湖旅游。为了体验一下渔民的生活，我在那个傍晚跟随一户渔民到海里去捕鱼。那一次我们是去捉小鱿鱼，捉小鱿鱼要用一个网，中间放一个灯，叫作“聚鱼灯”，放下去后小鱿鱼就会游来；每撒一次网大概要五十分钟的时间，撒去后就等着小鱿鱼游进网里。等了很久，等得我快睡着了的时候，时间到了，当我们把网拉上来一看，差点昏倒，那里面只有三只小鱿鱼。等了五十分钟怎么才捉到三只小鱿鱼？渔民的生活真是太辛苦了！当时我心里就觉得很难过，可是那个渔民却开心地说：“哇！这三只配烧酒刚刚好。”他的太太也热情地应和着：“待会我给你们烤着吃，尝尝鲜。”

又下了一次网，五十分钟以后再捞上来，一看，五只。那个晚上撒了无数次的网，渔民、他的太太和我三个人工作了一个晚上，捉到的小鱿鱼却屈指可数。这样辛苦的生活让我很是感慨！可是那个渔民安慰我说：“不是每天都这样子的，因为每一次下网，你都不能知道网拉上来时会有多少只小鱿鱼。”他也曾经有下一次网就捞起五百多斤小鱿鱼的记录。啊！这个时候就是丰收。

他说，他在捕鱼的时候遇到过很多次风浪，最惨的一次，风浪把他的渔船打翻，毁了他半辈子营生的家什。可是生活还得继续，一切又要重新开始，他能做的，就是节衣缩食，再做一条渔船，接着去捕鱼。

我和那位善良好客的渔民喝着小烧酒，那位太太为我们烤着小鱿鱼。借着酒劲，渔民扯开嗓子唱了起来，那样子很是滑稽，却也显得很是真诚。

看到他们的日子虽然过得凄苦，但夫妻俩相敬如宾，倒也算其乐融融。太太的性格似乎很好，毫无怨言地跟着他守着清贫的日子。我问起他们的孩子在哪里，他们骄傲地说在大城市里念着大学，也正因为如此，他们相信好日子马上就要来到了。

那一夜，我们聊得兴起。当问起他最初的梦想时，他的回答着实令我吃惊不小。“画家，”他说，“我的梦想是当个画家。”

这简直是天壤之别，渔民和画家，这怎么靠得上边儿呢？

“我没别的本事，可我得养家糊口，还得供孩子上大学。”他说，“有时候生活就是这样，它缠上你的时候，你所有的梦想就只能被抛下了。”

是啊，当乱无头绪的生活缠上了你，梦想就只有靠边站的份儿了。

雷蒙德·卡佛写过一篇小说——《所有的东西都粘在了他身上》，我特别喜欢。文中写了一对年轻夫妇，丈夫想去钓鱼，夜里孩子病了。两个人拌了嘴，他留下，和好。这是很久以前的事了……因为故事的叙述者是一个老人，当年的孩子长成了一个时髦苗条的姑娘。回忆似乎是平静而温情的，但卡佛对生活有严重的焦虑感：再没有自由了，当有了女人，又有了孩子，所有的东西都粘上来了……但他又不能抛弃生活本身。那就做一个生活的失败者吧。“事情在变，”他说，“我不知道它们是怎么变的。但总是在不知不觉中，也不按照你的愿望来变。”

每个人的生活都会经历一些风云莫测的变故，变故终会使人成熟。我们的生平若是一只瓷碗，变故就是那一个个缺口。若一只碗曾经恬静于自己的完满，打下几个口子之后，这瓷碗也不得不失衡于残缺处的遗憾。遗憾之余，碗依旧是碗，照例要盛装日月山河、朗朗乾坤。

我再没去过澎湖，也不知道那对渔民夫妇现在过得怎么样了。但有一点让我坚信，那就是再苦的生活也不会将他们击倒，乐观是他们保持健康的良药。

还没来得及起飞，生活就已经变成了各种东西，牢牢地粘在你身上，让你动弹不得，只能像一只被翻过身来戏弄的甲虫一样慌张地动弹着六条腿……等你好不容易翻过来了，下一次戏弄又莫名其妙地来到了。

但这就是生活，正如雷蒙德·卡佛和我见到的那对渔民夫妇，生活再糟糕，你也不能将它抛弃。

让生活粘上来吧！

只有让痛苦止步，幸福才会上路

去年冬天，因为工作的缘故，我认识了侯老。他年过花甲，剪了个小平头，头发浓密但已花白，交谈之中，发现我们有很多共同爱好：喜欢写文章，喜欢旅游，喜欢摄影，喜欢玩游戏，喜欢制作短片，喜欢看美女……

侯老最爱玩的游戏是《抗日：地雷战》，他说小的时候是看抗战电影长大的，他一直有个心愿，就是亲临一场抗日战争，在战场上用刺刀和日本鬼子血拼，可是只有游戏才能帮他实现这个心愿。接着他还给我看了一些他恶搞的影片，乐得我俩肚皮乱颤，他说他还在学习中，总有一天，要拍一个自己的微电影。他童心未泯，活到老学到老的精神让我感动。

我就在想，要是我也老了，一定也要像他一样，玩着自己做的游戏，看着自己恶搞的电影，快乐地疯掉。

侯老热爱写作，虽然他说他只有初中文凭，但十分热爱阅读，并在闲暇之中进行文学创作。他的作品充满讽刺色彩，他将那些文章汇总到一起，自己装订成册，取了一个书名，叫《谐谑集》。

当时我就鼓动侯老开博客，把自己的作品放在上面，让大家共赏，他立刻就喜欢上了这种新生事物，并给自己的博客起了个名字叫“老顽童之家”。

有了深度接触之后，我知道了他是一个失孤老人。45岁的时候，儿子出了车祸，20多岁的大小伙子，说没就没了。这世上没有比白发人送黑发人更可悲的事情了，况且，那还是他的独苗。

他犹如一块正在燃烧的炭火，猛地被泼了一盆冷水，生活里的热情一下子全部熄灭了。他和老伴儿一起瞬间苍老下去，老伴儿憔悴得更厉害，常常是整天一言不发。他想，孩子没了，可生活还得继续，不能就这么垮下去。在黑暗的炼狱走了一遭之后，他终于顽强地挺了过来。

他懂得用快乐去覆盖痛苦，也懂得用快乐去安慰老伴儿，陪老伴儿一起去旅游，一起去实现年轻时候没有时间来完成的一些事。

他像一个贪婪的孩子，不断地在生活的矿井里挖掘快乐的金块儿，这不，刚刚听说他开通了微信，并有了自己的公众号，他幽默诙谐的文章通过新的途径又传播了出去，给很多人带去了快乐。

再见到侯老的时候，他的怀里抱着一个3岁大的孩子，他美滋滋地和我说，这是他和老伴儿去孤儿院领养的一个孤儿，他说这是上天给他们的礼物。

“我要给孩子拍很多短片，一直到他长大。”侯老的脸上挂着掩饰不住的兴奋。

家里的墙上还挂着去了另一个世界的儿子的照片，但侯老已不再那么悲伤，他领悟到，不舍得丢弃回忆的人，也可以很快乐。曾经的美好，都是宝藏，是永不过期的支票，可以用来支取快乐。

狄金森在一首诗中写道："受伤的鹿跳得最高，受锤击的岩石飞迸，被践踏的钢条反弹，那格外红的脸颊，是肺结核在叮咬……欢乐是痛苦的铠甲。"

痛苦来袭，就用快乐去抵御吧。只有让痛苦止步，幸福才会上路。

越慢的日子越是惊人地深刻

冬夜，我慢慢地为女儿做一张小床。不急不躁，像在摆弄儿时的积木。孩子在即将做好的小巢和散落一地的钉子间，愉快地跑跳。她想象着当她躺进这崭新的、铺着蝴蝶床单的属于她的小木床上，梦，也必将前所未有地新鲜。当我不小心划破手指，她会手忙脚乱地去找创可贴，笨拙地为我包扎，那一刻，我看到了她那颗感恩与善良的心。

我为她修造的不仅仅是一张床，还有一种缓慢的心境。

我告诉她，我喜欢那些看雪看得出神的人；我喜欢那些数星星的，把每一颗星星都当作亲人的人；我喜欢那些闭上眼睛，满脸惬意听风的人；我喜欢那些捡拾起一片叶子，妄图从叶子的脉络间追溯它前世来生的人。

那是懂得放慢脚步生活的人；是把雪花当成银子使的人；是趴在床上给星星写信的人；是向空中抓了一把清风，然后握住，放到耳边细细来听的人；是在叶子上写诗的人。

母亲眼睛没有坏掉的时候，做饭从不用我们插手，包括包饺子，也是自己和面、拌馅、擀皮儿一条龙。她会很早就开始忙碌，有时候要一上午才能包好我们一家人吃的饺子，但她总是不厌其烦，甚至会一边干活一边哼着歌儿，把劳作当作一种享受。我们也乐于享受母亲的宠爱，在慵懒而缓慢的空气里或躺或卧，自在得像没长大的孩子。

似乎很久没有这样缓慢地生活过了。一个日子挨着一个日子，日子和日子之间没有任何间隙。这看似满满的人生，其实是缺乏张力和弹性的，是易碎的。

生命，有时候需要用慢镜头去慢慢地回放，你会发现生命中的很多美好，就连植物的成长都是那般壮丽。

偶尔有不老实的日子，欲望在窗边撩拨，我便喝一杯平复心情的龙井。夜，更多的时候只是假象。很多人的夜，也是奔跑的。啤酒、咖啡因、尼古丁、夜店里的暧昧灯光、舞女撩拨的身姿，无一不是为了更快地燃烧。青春，是如此奋不顾身地挥霍着，伤害着，鲜有宁日。

林东林在《慢的美学》中写过："越快的生活越是记忆淡薄，越慢的日子越是惊人地深刻，慢的度与记忆的度成正比，快的度与遗忘的度成正比。这或许就是古人所说的'山中只一日，世上已千年'的神仙生活，神仙不会跨越时空，但是神仙可以慢慢经历感受。比如钓鱼，钓鱼其实是钓胜于鱼，你不是要享受钓到鱼，而是要享受钓不到鱼；再比如养花，养花也并不只是为了花开那几天，而是建立起那份侍花弄草的小心和精细。在钓和侍弄里，才有千年风日。”

从今天起，我就要开始信仰一种慢。我知道，我的生活中，有一种叫慢的空气，我要去很谨慎很用心地呼吸它。

停顿下来的生命，真好！缓半拍，风轻云淡；慢一步，鸟语花香。

有痛感的人生，是鲜活带着力量的

在键盘上敲字的时候，我忽然想，如果人生也有一个删除键，我会删除些什么呢？快乐幸福的好时光自然舍不得删去，那么删去的就只有那些疼了。

我想删去手指的疼。因为一分之差没有考上县城的重点高中，老师和家人都劝我复读一年，我却倔强地选择了离开学校。每天上午 9 点 30 分，是学校上课间操的时间，喇叭里传来熟悉的“广播体操”的旋律，一颗心便跟着疼了，再回不去本该属于自己的校园了。于是更加发奋地自学，冬天，写字的手冻成了“馒头”，钻心的疼让我坐卧不宁，直到现在，每到下雨阴天，手指还会隐隐作痛，20 多年以前的疼，就像一条甩不掉的蛇紧紧尾随。

我想删去肩膀的疼。在家待业的时候，我临时在一个工地做了半年力工，手掌磨出许多大大的血泡，却也不能停下来，因为瓦匠等着我“伺候”

呢，炎炎烈日，汗流浃背，苦不堪言。之后，又去粮库扛麻袋。黑压压的麻袋落到肩膀上，整个人一下子就蹲到了地上，如此反复，直到后来才慢慢地直起腰来，真不知道那一天是如何熬过来的，那是天底下最漫长的一天，我盼着天快点黑下来，快点，可是太阳好像故意和我作对一般，越发地把它那邪恶的热泼到我身上。回家之后，掀开衣服，看到肩膀上整个掀起了一层皮，里面嫩嫩的肉呼之欲出。母亲一边给我擦着药膏，一边心疼得直掉眼泪。

我想删去脚掌的疼。刚结婚的时候，一贫如洗。租来的房子又小又破，冬天很冷，墙壁上到处是亮晶晶的霜花。买不起煤，就去后山打柴。有一天回来得晚，天已经黑了，妻子担心，拿着手电去山路上寻我。直至看到我拉着一车柴火，蹒跚归来时，终于忍不住哭出声来。我告诉她，不敢快走，鞋子马上就要掉底儿了，她找个绳子帮我把鞋子绑上。脚冻了，又红又肿，害得我现如今走起路来都不是那么笔直。

我想删去牙疼，我想删去头疼，我想删去失恋的疼，我想删去失去亲人的疼，我想删去各种各样的心疼，我想删去……太多太多的疼！

我不知道为何我的人生有如此多的疼，我似乎是疼痛银行的行长。

但是现在，我感谢疼痛，每一次疼痛都会带给我一次历练。就像一次一次的跌倒，让孩子学会了走路和奔跑；就像一次一次的摔伤，让鹰学会了飞翔。

喜欢养一些小动物，可是不得不面对的是它们过早的死亡，一次次地让我心疼。可是后来，我渐渐领悟到，死亡是所有生命必走的最后一个环节，我也要有那样的时刻，不得不面对一双双急切盼望我起死回生的眼睛，可是终究要走，就像我无法留住亲人一样。所以我感谢那些曾经陪伴在我身边，又一个个夭亡的小猫小狗、小鸡小鸭，是它们的死，让我一次次地进行悲伤的演练，让一颗心慢慢结出一些坚强的痂来。那不是冷漠，是为了保护一颗心而结的茧。

总有一天，我的心会破茧而出，不再迷惘于尘世的悲欢，超越生死。

人生在世，谁没有疼的经历呢？有痛感的人生，是有盐、有钙的人生。

疼是人生里最活跃的细胞，可以用它谱曲，用它填词，可以用它酿酒，用它泡茶。在岁月的喉结里，轻轻将它吐出，可以换一曲妖娆的歌儿。

疼是推着人往前走的风，你若想甩脱它，便闻不到它吹送到你跟前的花香了。

人生没有多余的疼。赞叹珍珠的光芒时，别忘了那是贝壳的眼泪，是用疼痛磨砺出来的璀璨。

耳朵热了，有人想

按照中国人的说法，耳朵热了，说明有人在念叨你。而在科学家眼里，哪一边的耳朵热就证明哪一边的大脑正忙着呢！或许是忙着高端科技，也或许是忙着在官场运筹帷幄；或许是在斟酌一个广告创意，也或许正在为前程殚精竭虑；或许是在推敲一句诗歌，想要语不惊人死不休，也或许正在编织一串谎言，大珠小珠落玉盘；或许是在琢磨怎样去讨自己喜欢的人开心，也或许正在为怎样安抚老婆和情人而处心积虑……

我不喜欢科学的解释，我喜欢那迷信的说法：耳朵热了，有人想。因为我宁愿相信那份看不见的美好。

小时候，母亲总是很迷信。打了喷嚏，她说，有人惦记你呢。左眼皮跳，她说有好运；右眼皮跳，她说有祸事。看见很小很小的蜘蛛爬下来，她说那是喜蜘蛛，家里要有喜事。还有姐姐的头发，如果忘梳了一绺儿，她会认为是有客人要来，赶紧让姐姐重新梳起来，期望能够破解。早上打扫完屋子后，一根扫帚无缘无故地底朝上立着，母亲如临大敌一般紧张起来，“莫非，要来客人吗？”她把这也看成是有客人要来的征兆。那天下午，碰巧舅舅来了，我们觉得这根扫帚还真灵。那年月吃米要有粮票，每月都是有限的供应，常常缺米短粮，所以尽管母亲好客，也总是担心有客人来。我们却不一样，吃了上顿不管下顿，从不为明天发愁，我们盼着客人来，能借机会改善一下伙食，打打牙祭。所以，有时候我们会故意把那扫帚踢倒，然后底朝上放着，但是这刻意为之的小阴谋一次都没有得逞和应验过。

这些迷信的说法就像一个个荒唐的笑话，充斥着我的童年。但是我依然喜欢和愿意相信：耳朵热了，有人想。

说不定此刻我正在别人的记忆里匍匐而过，有幸在别人的心上驻留哪怕一秒钟的时间。

那么是谁在想我？

是那个初恋的人吧？好多年不见，在某个暗夜里，是不是偶尔也会拉开记忆的闸门，想念一下我这条曾经为她伤痕累累，宁愿只有七秒钟记忆的鱼呢？

是老朋友吧？我是多么怀念那些简单而美好的过往！如今他们聚在一起，还会热烈地谈起我，像当年一样，让我居住在他们的内心吗？就像风居住的街道。

是亲人吧？这是最不容置疑的，在这个世界上，血浓于水的亲人，永远是最最牵挂你的人。

据说因为星星离我们实在太远，它们的光亮映射到我们眼中要穿越几十上百的光年，所以有时我们看到的星星，可能是早已陨落的。我们看到的，只是它若干年前仍然在光年中行走的光线。

它陨落了，却依然照耀着你，这和那些逝去的我们挚爱的亲人，是否有些相像呢？

亲人们离去了，可是那些温暖的记忆仍然照耀着我们，让我们在记忆那温暖的洞穴里，一边冬眠一边编织着未来美好的梦。

据说如果我们能以比光速更快的速度赶往另一个星球，我们还有可能看到自己的童年。那么是否也可以看到我那一滴泪，委屈地滴在面前不想吃的那碗稀饭里而溅起的涟漪呢？那样另一个星球上的我会不会脸红？会不会急于向祖母道歉——“祖母，那时我真不懂事啊！”

记得祖母离去的时候，父亲对我说，别伤心，你祖母只是出远门了。虽然自此没有再和出了远门的祖母见面，但我知道，那些温暖的记忆始终围绕着我。

我会想念祖母，身在天堂的她也会想念我吧，那么，发了烧的耳朵也会有属于她的几度温暖吧。

耳朵热了，有人在想你，也包括那些逝去的爱着你的人。

有一天，耳朵热的时候我突然打了电话给母亲，母亲在电话里第一句就是：“妈正想你呢，你就打来电话了，真巧！”是真的太巧了吗？其实母亲一天中哪一刻会不想她的儿女呢？这根本就不算巧合，更算不上奇迹。

一生忙忙碌碌地走过，像农人的庄稼，迫不及待地茂盛，收割的时候，却没打出多少粮食来。而几乎所有的时光，都在守株待兔、揠苗助长中度过了。想着人生的窘境，天变得灰暗起来，一颗心沉了底。可是耳朵忽然间热了起来，这证明有人想我啊，这难道不是一种幸福吗？这幸福虽然单薄，却足以抵御寒凉。

所以我永不会向生活低头，哪怕它把我关进寒窑。因为即便你什么都没有，也总有耳朵热的时候吧。耳朵热了，有人想。

耳朵热了，生活就不会太凉。

喜欢就在一起，别辜负了相遇

阿蕙是个不幸的女人。18 岁的时候，她被流氓强暴，怀孕了，辍了学，不得不躲到乡下的外婆家，忍受周围人的白眼。她把孩子生了下来，由外婆照顾着，她自己又回到那个令她心酸的地方。

21 岁的时候，她恋爱了，和一个很帅气的小伙子。他们不久就结了婚。她下决心告诉了他以前的事情，结果他们分手了。

痛定思痛，她决定正视现实，把孩子接回来自己带。这么些年来，她就一直单身，也没想过再嫁人。孩子一晃 7 岁了，该上学了。孩子总是问她，为什么自己没有爸爸。她就说，你爸爸死了，从你一出生的时候就死了。她不能告诉孩子真相，她的苦楚只能她自己一个人吞咽。

冬生是这个时候闯进她的生活的。他和孩子的关系很融洽，常常在一起疯闹，俨然一对亲密的父女。他并不急于向阿蕙表白，而是和孩子、和她的家人打得火热，他觉得，只有让阿蕙的心暖过来，才会变得柔软，才能更容易接受自己。

女儿怯怯地问他：“能叫你爸爸吗？”冬生先是一愣，继而爽朗地笑着，好啊，大声地叫吧。

阿蕙在日记里这样写道：对于我的孩子，“爸爸”是个冷漠而陌生的词语。可是现在，它竟然变得如此熟悉和温暖……

冬生是个懂爱的男子，他的爱是文火，一点点地烘烤着阿蕙那颗潮湿的心。

父亲和母亲一直是厨房里的一对好搭档，小时候，总能看见那样的情形，父亲烧火，母亲做饭，两人在厨房里聊着一天发生的事，偶有拌嘴，更多的是其乐融融。

也总是能听见这样的对话——

“今晚做点儿什么吃呢？”

“先把火点着再说，让屋子热乎热乎。”

在《平凡的世界》里，田晓霞爱着孙少平，年轻的心是慌乱的，她不知道明天的结果会怎么样。她把心事说给父亲听，父亲拍着她的肩膀说：“不管怎么样，先把火烧起来再说。”

这真是一个开明而智慧的父亲，他让女儿的爱完全绽放，不带一丁点儿的委屈和遗憾。

轰轰烈烈只管去爱，要对得起青春那份明媚和热烈。

先把火烧起来，那是一种义无反顾的绚烂绽放。

我对我的学生们说，冷的时候，我们可以用文字取暖。这是精神层面的炉火，你要准备好足够的柴火和一根火柴，炉子也要搭好，这一切都需要你自己来做。自己做自己的火焰，心才不会挨冷受冻。

如果你还不能熟练地写作，那么不妨保持你的热情，先去把火烧起来再说。

不管以后怎么样，不管明天的天气如何，不管花谢花开，只管把火先烧起来。

让爱为生活预热，驱散日子里的寒凉。

胃有空间，心灵才有空间

有一个女性朋友正在减肥，赘肉倒是没减掉多少，可是通过减肥却总结出一套令我们刮目相看的人生感悟来。她说她现在一天的进食量是往日的一半，宁可少一点欠着一点，舒服，胃有空间心灵才有空间。做人也是这个道理，她说，自己以前是个追求完美的人，凡事追求百分之百的满意度，可往往事与愿违。比如朋友做了错事，就不予原谅，搞得朋友尴尬，自己疲惫，还失去了不少朋友。后来经过了一些事，也就渐渐想通了，人无完人，金无足赤。人非圣贤，孰能无过？如此自己也就多了一些包容，多了一些坦然。她认为，对人对事留有余地不仅是对朋友的包容，更重要的是自己做事的态度，积极但不十全十美，尽人力，听天命，不跟自己过不去，不给朋友找别扭，对人对事，半饱即可。这样的人生豁达而从容，宽厚而仁爱，幸福而美好。当你要求自己尽善尽美的时候，反而束缚了前进的步伐。

她总结出来的半饱理论同样适用于感情生活中。对待感情，夫妻之间的要求也是以半饱为好。很多夫妻一生都没弄明白，为什么夫妻感情从亲密无间渐渐地就变成亲密有间了呢？有人认为，夫妻之间应当不再有什么秘密，毫无保留才能证明夫妻感情的真实，实际上，夫妻之间如果彼此有一点私人的空间，不能视之为对爱情的不忠，反而是一种夫妻相处的艺术。

欧阳应霁在《半饱，生活高潮之所在》中说："半饱是一种完美的缺陷，一半的希望，再加上一半的耐心，才是一整片蓝天。对现实保持一种满足，对未来保有一分好奇，相信生活里头总有更好玩的事情，会在下一个阶段出现。"因为半饱，呵护好自己的肠胃，以及让精神时刻处于一种半饥渴状态，能让每一口美味的食物到达口中时得到最大的享受；因为半饱，当你在下一个街口发现了新的美食的时候，你才不至于胃没有了容量。

一位科学家拿两窝小白鼠做过一个实验，一窝给予充足的食物，另一窝只给予少量的食物，结果饿鼠的寿命是饱鼠的两倍。这说明在一定条件下，动物或人类的寿命是与摄入的食物量成反比的，或许半饱才是最恰当的生命状态。国学里也有"不饥而食、食不过饱"的说法，吃饭要吃七八成，做事留下三四分。

半饱的人生，表面上看是亏损的，实则是丰盈的。

莫与小人为仇，小人自有对头

朋友阿慧和我说起过一件事：她医学院毕业，考进了本地的一家大医院，由于各方面都很优秀，又谦虚好学，没两年就掌握了很多医学本领，得到了院领导的赏识，经常大会小会对她进行表扬，这些引起了一个女同事的强烈嫉妒。这个女人论样貌和才学，也不比她差多少，可就是心术不正，她不允许别人抢她的风头，只有她自己风光才行。所以，这之后那个女同事总是明里暗里地使坏，在工作中也总是挑拨离间，排斥她，孤立她，终于那女人得了逞，迫使她离开了那家医院。后来，她自己开了一家诊所，事业慢慢做得如日中天，还被选为当地的人大代表，很多人都知道了她的名字。

回忆起这段往事，她说："要感谢那个背后使坏的人呢，没有她，就没有我的今天，所以啊，有些人渣，在某种程度上也促进了我的成功。"

演员黄晓明说过："曾经有人对我说，泼在你身上的冷水，你应该烧开了泼回去。但我更愿意去做像石灰一样的人，别人越泼我冷水，我的人生越沸腾。”曾以为黄晓明只是凭借一张漂亮脸蛋演戏的艺人，没想到说出了这般令人受用的话，这不禁令我对他刮目相看。

是啊，小人们扔过来的砖块，我们可以垫在脚下，让我们走得更远，站得更高。

两千多年前，孔子及其门徒重点研究了两种人，一为君子，二为小人。尤其是小人最伤脑筋。如何对待小人的问题是个古今难破之题。明君周围挤满小人，巾帼枕边睡着懦夫，英雄前头无数竖子，好汉头上蹲着鼠辈，石榴裙下跪着无赖，香花幽草插上牛粪，小人得志，竖子成名，君子不遇，英雄遭难。孔子一生清高孤傲，眼里揉不得沙子，他总是愿意把自己当作社会的一面照妖镜，揭露出许许多多世上小人的丑恶面目。而如今，时空已经相隔两千多年，圣洁的孔夫子带着治国救世的美好愿望驾鹤西去了，但那些见不得光的小人们却在阴暗的角落里生生不息地繁衍了下来。

小人喜欢搬弄是非、挑拨离间，而且他们无一不是喜欢窥探他人隐私的专家。他们为了达到某种目的，几乎都会采取挑拨离间的策略，小人的最大愿望是：全天下的人都相互指责、互相怀疑，只有他能掌控全局、左右逢源、游刃有余。所以，搬弄是非、挑拨离间是小人最常用的战术。再有，出卖、背叛也是小人的惯用伎俩之一，当你与小人促膝长谈的时候，你的肺腑之言，在小人眼里就是把柄，而你的隐私就是小人出卖你的资本。所以，在小人面前，最好三缄其口，否则，就要承受有一天你的肺腑之言及隐私被加工后曝光于天下的后果。

说白了，小人的伎俩无非就是无中生有、恶意中伤。对于你背后的小人，对付他的最好办法就是不予理睬，他煽不起风点不起火，自然就落得一个灰溜溜来去，臭狗屎一样无人问津。

人生路上，每个人都会经历过几个人渣吧。我经历的小人就比较多一些，总有人背后使坏，不管是爱情还是事业，总是让自己不停地受挫。但我都走过来了，那些小人，或许对你造成了某种伤害，或许令你顿生厌恶之心，他们是你成功路上的绊脚石，但也可以成为你的垫脚石。

永远不要觉得你包容了那么多不好的东西就委屈，其实他们也会成全你，让你在心里慢慢磨砺出一颗珍珠来。

做一朵花的知己，就是住进心灵的春天里

我有一个邻居，养了很多盆花。每天早上，他都会一边浇花一边哼着韵味十足的京剧，乐此不疲。有一天我问："你总是美滋滋的，天天有喜事吗？"他笑着说："你看看，这花儿又美又欢喜，让我每天都生活在春天里，能不乐吗？"

心底微微感动了一下。

记得有一次过情人节，我从一个老妇人那里买了一束玫瑰送给我的情人叶。但因为我们之间的裂痕无法弥补，叶当着我的面扔掉了那束花。没想到老妇人竟然从后面撵上来，把钱退给了我，马上从地上捡起了那束被遗弃的花。

她轻轻摩挲着玫瑰花瓣，掸掉花上每一粒灰尘，无比怜惜地说："我给每一束花都许过愿的，都有真心的祝福啊！你们怎么就扔了呢？你们不配做那束花的主人。"

我和叶面面相觑。我们不仅伤害了一束花，而且伤害了一个护花使者。

还有一幕场景，我曾在不同场合一再提及，以至于朋友们都认定其中的少年就是我本人。

那天阳光灿烂，人潮涌动，车流不息。大街的中央，躺着一捧鲜红的玫瑰。一个少年焦急地要去将它捡拾起来，但是车来车往，他无法前行。终于等到机会，他抢步过去，玫瑰已被轧碎。少年一点一点捡拾着满地的花骸，慢慢捧起那些受伤的花瓣，久久地握在手心，竟然当街而哭。

直到现在，我仍然时常为这个场景怦然心动。

由此，我完全理解了黛玉葬花时的凄切，也理解了“护花使者”这个词的美好。

英国文学家王尔德有一天走进一家花店，要求把橱窗里的花取出一部分。店里的人照着他的要求去做，并问他要买多少。王尔德说：“我不想买花，只是我看它们太拥挤了，怕它们被挤坏，想让它们轻松一下。”

懂得花的悲欢，体恤花的疼痛，他们是花的知己，也让自己的心灵摇曳如花。他们不会错过钻入衣袖的一只蝴蝶，也不会浪费人生的每一幅美景。做一朵花的知己，就是住进心灵的春天里。

停下来，等一等你的灵魂

早上下楼扔垃圾的时候，院子里平地飞起一只喜鹊，飞到梧桐树枝头，继而又飞向楼顶，然后是另一个楼顶，转了一圈之后，重新栖落于枝头。隔着交错纵横的树枝，我才能比较长久地观察它，可惜不能找到一个更接近更没有遮挡的角度，否则，它还会再次离开。

都说喜鹊是喜庆之鸟，我在把它往最高处赶，因为那样，见到它的人就会更多，得到幸福的人也会更多。

而此刻，喜鹊停下来，认真地梳理它的羽毛，我也停下来，静静地看着它，把吉祥铺在半空。

我获得了心灵的安宁，这多好！哪怕只有片刻，对于一颗疲惫的心来说，也是一种滋养。为什么不能安静呢？为什么非要手忙脚乱呢？为什么非要把生活弄成一锅糊涂粥呢？

除了被从山岗那头匆忙穿过的火车抛下过，我们还曾被什么远远地丢在脑后呢？消失的云朵，奔跑的马，黄昏里心心念念的上一个清晨，终于杳无音信的某人，甚至是过去马不停蹄的整整一年。

我们总是一副奔忙的模样，每日里都路过城市中最繁华的一条街道，每一道路口都通向四方，都预示着下一步存在着改变方向的可能，这些不知会延伸到哪里的路口，本可以停一停，本可以有一些道别或是相逢，只是太过拥挤，太多的人迎面而来，擦肩而去，他们都好似被追赶着，人人似乎都在对自己说，快些，再快些。

究竟是什么在驱赶？

汪曾祺写《昆明的雨》时，因为避雨，65岁的老先生和朋友走进小酒店，要了一碟猪头肉、半斤白酒，由此观察到酒店院子里，“一棵木香，爬在架上，把院子遮得严严的。密匝匝的细碎的绿叶，数不清的半开的白花和饱胀的花骨朵，都被雨水淋得湿透了。我们走不了，就这样一直坐到午后”。

这是多么惬意的暂停，老先生如获至宝，心灵在那一刻，轻盈如羽。

然而，我们大多数人就像逐日的夸父，每天都在拼命奔跑，却忘记了脚下的路就如同小白鼠的笼子一样，是个圈。既然是一个圈，又何必紧赶慢赶呢？

这么多年，每个人似乎都在铆着劲征战杀伐，奔赴到哪里算哪里，然而最后的愿望，只是得到一座花园，修枝剪叶，草木皆情。

人生需要按一下暂停键，以提醒我们，那么多的美好正在流逝。停下来，遇到一片云，那里有可以追溯的童年，有亲人的脸；停下来，遇到一个心仪的人，在咖啡的一朵香里，种一行诗歌。

一件事，并非急着去完成，一条路，无须多么迫切地走到头，沿途的风景刚刚好，你可以稍作停留，让花香染袖，让鸟语落肩。

要允许这个世界不是十全十美的

从小到大的记忆里，母亲每次去菜市场，总是挑剩菜买，图个便宜，回家好好洗一下，也不耽误吃。时间久了，菜市场里的人便都管母亲叫“剩菜婆”。母亲也不恼，别人爱说啥就说啥吧，自己也不能掉块肉。每天省下来的块儿八毛钱总还有别的用处的。比如可以买一点水果，让我们解解馋。自然，水果也是挑那些不像样子的买，比如皱巴巴的苹果，比如有了伤口的梨，回家用刀削一下，和新鲜的水果也没什么差别。

有一次，母亲带回来几根黄瓜形状的有点黄有点黑的家伙，软塌塌的，母亲说那是香蕉。早听过这种水果，没想到竟然这么难看。母亲说，那是因为它老了，人也一样，老了，就软塌塌的了。

母亲替我们剥掉香蕉皮，嗨！除了头上是黑色的，身子还是很白嫩的呢！一股浓浓的甜香涌上来，令人垂涎欲滴。

吃到嘴里，那种绵软的甘甜，就像在暗黑的斗室里，忽然推开窗子，阳光洒进来，驱散了日子里的阴霾和苦楚。以至于多年以后，每每想起，都忍不住念起那苦日子里难得的美好。

现在去超市，我也喜欢买这种带斑点的香蕉，不是因为便宜，而是它真的好吃，从记忆里绵延而来的甜香，一直都没有淡去。

有斑点的香蕉最好吃，如此，我想到有瑕疵的人生。

很多人都喜欢肤白貌美、高跟红唇、礼服长裙的优雅女神，可我更欣赏素面朝天、棉布长裙，脸上还泛着几颗淡淡小雀斑的女孩。虽然不完美也不高贵，可从她们脸上透露出的灿烂笑容里，我看见了真实与幸福。

就像贝兹娃娃，设计者故意在它们脸上制造了一些雀斑，这些瑕疵让人们一看到就觉得耳目一新，从而一举击败芭比娃娃，排名时装玩偶第一名，受欢迎程度震惊了整个玩具业，造就了瑕疵超越完美的经典。

太多的励志鸡汤告诉我们，人生应该是一个不断修炼、不断升级、不断完美化的过程，直到爬上最高的那一层阶梯，然后戴上梦寐以求的王冠，手里拿着至高无上的权杖，浑身上下透露出熠熠发亮的光芒。那一刻，你以为人生完美无瑕了。可你却再也不能毫无顾忌地放声大哭大笑，不能脱下华美的长袍和王冠去田野里奔跑，不能素面朝天穿着廉价的小白鞋去喧闹的小吃街享受美食。你说没关系，因为你什么都有了，可是你回过身，却发现自己身后和周围空无一人，没有人跟你一起分享这些美好。你的完美让你再也找不出一个跟你相似的人，也许，那一刻你才会最终发现瑕疵的可贵。

莫言借他的小说《檀香刑》告诉我们：世界上的事情，最忌讳的就是个十全十美，你看那天上的月亮，一旦圆满了，马上就要亏厌；树上的果子，一旦熟透了，马上就要坠落。凡事总要稍留欠缺，才能持恒。

生命有不完美，就像你仰望的星空，不会每个夜里都有星星，总有浮云遮住它们的时候，正因为如此，你再一次见到星星的时候，会觉得它们更亮了，更美了。

生活是一门遗憾的艺术。那些不完美的生活，如同一颗被切开的宝石，总是会折射出七彩的光来。比如此刻，我剥去有斑点的香蕉皮，露出白生生的果肉，生活里的小欢喜，总是会这样悄悄地取悦你。

不要让徒劳的事耗费光阴

电影《云上的日子》中有这样的片段：一个男孩对一个娴静美丽的女孩一见钟情，他向她表达爱意，问以后是不是可以继续交往。女孩回过头，眼睛清澈如水，她说："明天我就要进修道院了。""要是我爱上你了呢？"男孩问。"那就像在明亮的房间里点上蜡烛。"女孩回答。

"在明亮的房间里点上蜡烛"，多么徒劳的一件事。你发光，却无法照耀；你温暖，却没有依偎；你慢慢耗尽自己，红泪低垂，蜡炬成灰，却没有人来理睬你。多了你，少了你，都无所谓，这个世界不会有丝毫改变，依旧灯火通明、热闹熙攘。你就像隐身的小丑，张牙舞爪，却无法博得众人一笑，无聊，没劲，冒傻气，白费心机，虚掷光热，你再努力，这里也没有你的一席之地。

多少人不知疲倦地追求着眼前不重要的事，一寸寸流失着锦绣年华。待走到人生的终点附近，才感叹这并非自己想要的人生。生命可以平淡，但不可平庸，你的一生，不一定会著出绚烂华章，但总需要一点精彩的点缀。尽量让岁月的枝丫间跳动几枚闪亮的果，努力在生命的屋檐下挂起一盏斑斓的灯。不要让那些徒劳的事情耗费你的光阴，不要在明亮的房间里点上蜡烛。

「对未来的真正慷慨，
是把一切献给现在」

9

再低微的骨头里也有江河

一个偶然的机会，我看到了纪录片《我的诗篇》并深深被它吸引。鲜活的人，真实的人，诚恳的人，漂亮的画质，不俗的诗歌，将一个个工人诗人的境遇表露无遗——老井，煤矿工人，很少看到阳光，终年在600多米的地下深处工作；陈年喜，爆破工，工种危险，可父亲瘫痪，母亲患癌，让他拿着自己的生命来延续亲人的生命；邬霞，制衣厂的女工，喜欢吊带裙却只能看着自己精心熨烫的吊带裙进入别人的衣橱，而她自己只能买最便宜的吊带裙；吉克阿尤，填鸭毛工人，离乡多年，甚至连家乡的习俗都已遗忘，跟着影片镜头，你能看到那里的农村一片荒凉；许立志，他那被层层防跳网束缚着的宿舍看起来让人压抑窒息；乌鸟鸟，失业后想找一份接近自己梦想的工作却屡屡受挫，最后只得干起杀猪的营生……这就是他们所面对的残酷环境，可他们在这困难的生活里仍选择了诗意的生活。

我最喜欢的是爆破工陈年喜的故事，也喜欢他的诗，尤其喜欢陈年喜给儿子写的诗。他说："儿子，我想让你绕过书本看看生活，又怕你真的看清。"随后，陈年喜无故被工厂辞退。这种诗与现实互文的手法，动人心魄。这是一个胸中有火种的男人，他深爱父母，担负着家庭的重任，干了16年的爆破工作。在他中年倔强刚强的外表下，却是苍凉的秦腔，无声的炸裂。

那个广东小伙儿有一些诗人的不切实际，他在应聘的时候只是盲目地问人家：要叉车工吗？或者内刊编辑？可是人家只看到了他作为叉车工的技能。他心虚地给人家念他的诗，我都替他害臊。害臊的不是他念诗或者应聘内刊编辑是可笑的，害臊的是他暴露了一个诗人的单纯——和尚庙里去卖梳子的既视感。

如果谈恋爱的话，喜欢诗人一定是最不靠谱的决定，我想所有的爸妈都会担心自己的女儿嫁了诗人会饿死。于是诗人化成了各种各样的人，渗透到了人群中，成为庸庸碌碌俗世里的一员，又用诗歌保存了自己。这是胸中小小的火种，这是满天微小的星星。

陈年喜说，再低微的骨头里，也有江河。我想说的是，他们的身体里，始终涌动着不屈的新鲜的血液。他们想改变，不想被尘俗磨平他们的棱角，不想被劳苦泯灭了灵性，他们一边承受苦难，一边为苦难写着震撼人心的诗篇。

一只虫子怕被鸟儿吃掉，躲开鸟的最好办法就是变成蝴蝶。所以，改变，什么时候都不晚。你要纯粹为自己活一次，哪怕只有一年，你也可以脱胎换骨；哪怕只有一个月，你也可以破茧成蝶；哪怕只有一天，你也可以换个发型，看场电影；哪怕只有 60 秒，你也可以给自己读一首深情款款的诗……

心上无饵可钓风

一个人在钓鱼，旁边的商人问他：“你在干什么？”钓鱼的人说：“我在钓鱼。”商人不屑地看着他。钓鱼的人问商人：“你在干什么？”商人说：“我要奔波，然后就有时间钓鱼了。”钓鱼的人说道：“我现在就已经在钓鱼了。”

在那条长长的垂向水面的鱼线上，你们是否听到了波动的音符——终日追名逐利，究竟是为了什么？走出去太远，还能回归本心吗？

从副职变正职，老李用了整整8年。正副一字之差，感觉却截然不同。

他喜欢被人捧着的感觉，这种滋味很是奇妙。

可是最近，他总是莫名地感到疲累。

他喜欢钓鱼，周末的时候，便一个人去了郊区，他想利用钓鱼的时间，好好梳理一下这段时间以来的焦虑。

他看到一位老人也在钓鱼，但方法甚是奇怪，不禁驻足看了起来。

老人提着一根绳子，绳头拴着长长的一段猪肠子，臭烘烘的，扔到了水中。他不明白，钓鱼为啥要用猪肠子做鱼饵。老人似乎看出了他的疑问，并未说什么，只是微笑着示意他仔细看着。

绳子慢慢下沉，老人拽拽绳子，绳子再下沉，老人再拽，反反复复几次，老人猛地将绳子拽了上来，只见绳头挂着一个圆鼓鼓的大家伙，脖子伸得老长，四只脚在空中舞来舞去，用力下坠，可就是不松口，竟然是一只大龟。

老人一边向外拽着猪肠子，一边说："钓鱼要先知鱼性，鲤鱼荤素皆可，然多喜荤，一条小蚯蚓当饵料就能钓到一条大鲤鱼；草鱼喜素，爱嫩草，将嫩草、菜叶、瓜果叶，晒蔫用线绑在钩上，百发百中；而这龟最狡猾，普通饵料，它只吃料，不咬钩，钓它不容易，可它最贪心，喜腥臭，猪肠子越臭越好，它吞进嘴里，嚼，嚼不动，吐，舍不得，就用力地往肚子里咽，等到明白上当了，可就吐不出来了，就等着挨刀放血吧。"

老李忽然想到，此刻的自己不正像这咬钩的龟吗？权力大了，自然就有人来巴结，有人想从他这里得到好处，首先就想先给他好处。他若开了这个口子，那口子就像破溃的堤坝，慢慢就收不住了。

如果他贪婪地不肯松口，那迟早会出事的。想到这里，他的脊背一阵发凉。

垂钓的人不多，另一位老者看起来很是悠闲，不急不缓，大半个上午了，鱼篓里空空如也。他在旁边看了许久，发现他的鱼竿上竟然没有鱼饵。

“这怎么可能钓得上鱼来呢？”他好奇地问老者。

老者和颜悦色地微笑着说：“哪个说我要钓的是鱼啊？”

“不钓鱼你钓什么呢？难不成像那位老人家一样，钓乌龟？”

“我钓的是风啊，你看不见。”

没想到在此僻陋之地，竟遇到如此大隐之士。攀谈起来，得知此老者是个退休干部，比他高了好几个台阶，竟然能如此云淡风轻。

老者说：“垂钓本身就是一种乐趣、一种享受，那么何必纠结你钓的是什么呢？我钓风，钓倒映在水中的云朵，都是好的。”

真是不虚此行。他猛然顿悟，人世间，沽名钓誉者众，钓雪钓风钓云者寡。

古人寒江钓雪，滚滚红尘中，辟出绝尘之境，尽显孤寒傲骨之美；今人钓风钓云，挣脱名缰利锁，身心洒脱，逍遥于九霄之上。

每念及此，顿觉身心轻盈。

一个人所求无多，心上必然无饵，无饵也可垂钓，钓得来清风，钓得来白云，钓得来生命里一簇一簇的暗香。

三分帮人真帮人，七分帮人帮死人

勇是我的一个朋友，早些年以精通于“借钱”而闻名。他口才极好，和陌生人见了一面就可能交为朋友。他的应酬多，免不了要多花钱，靠那点工资总是显得捉襟见肘。他便时不时地向别人借钱，他借钱的办法是，向这个人借钱，一个月后向另一个人借钱来还这个人的钱，然后再向另外的人借钱。以此类推，按照他“朋友”的数量，再轮回到第一个“朋友”那里，大概一年也就过去了，因为每次他借的钱也不是很多，所以他几乎每次都不会空手，还闹个手头挺宽裕的。不过，他这样时间长了，朋友们也就看清了他，渐渐就远离了他。我是他“以此类推”中的一个，只是他这样做让我心里很不是滋味，所以，当他再次和我开口借钱的时候，我拒绝了。我想，我是第一个拒绝他的人吧。

他显得有些惊讶，他觉得借个千八百块对我来说不过小菜一碟，不至于让他吃了“闭门羹”，所以瞬间显得有些尴尬。“这样长久下去，对你无益，会使你陷入‘借钱综合征’的。”我给他讲了一个故事，“南北朝时，有个北燕国，北燕王高云重用豪侠壮士，最信任离班和桃仁。高云给了他们无数宝物，吃的住的，都和自己一样。离班和桃仁很悲愤，说：我们吃住和他一样，凭啥子他是王？愤怒的二人持剑入宫，杀了高云，然后他们也被侍卫杀掉了……升米恩，斗米仇，太多的付出，有时反会激发出对方心中的恶。”他若有所思，他的“财富链”在我这里断掉了，虽然对我有些失望，但我的那些话还是在他心里产生了某种影响。

渐渐地，他就改掉了这个喜欢借钱的毛病，没了钱，那些耗费精神的各种应酬自然也就少了许多，他就转而做一些其他的事。他擅长摄影，尤其喜欢拍摄日出，业余时间便去采风，有时候会喊上我。我记得我们凌晨就跑到山上去等日出的场景，我睡眼蒙眬的，而他却异常精神，把相机调好，时刻等待着那轮喷薄而出的太阳。“不，不是等待，是邀请。”他纠正我，在他眼里，太阳就是他心中的神，他要拿出全部的热情去邀请它。他现在的状态我很是欣赏，他已经彻底从过去的不堪和阴霾中走了出来，真的如那轮浴火重生的太阳一样，令人刮目相看。果不其然，昨天他接到了通知，他的这组关于日出的照片在全国摄影比赛中拿了大奖！

三分帮人真帮人，七分帮人帮死人。授人以鱼不如授人以渔。过多的帮助，会使一个人成为处处依赖别人的“废人”，失去生存的能力，终要被社会淘汰。所以，在帮一个人的时候，我们要做的，只是打扫天空，邀请太阳，其他的还需要靠他们自己。

“要不是你让我改掉了那个坏毛病，这么些年，不知道会变成什么样子呢。”获奖的第二天，勇给我打电话约我喝酒，在酒桌上感激地对我说。

“这是作为一个真正的朋友应该做的啊。”我说。

“不过，我要是弄个摄影展的话，免不了还是要向你开口借钱的啊！”他故意说道。

“没问题！”我应得干脆。我知道，现在借给他钱，他不会拿去挥霍，借给他钱是在帮他打扫天空，帮他扫出一条容得下万丈光芒的路。

然后，请他自己，去邀请那轮生命中的太阳！

你无法选择你的出身，但是你可以选择你的朋友

那个秋天，因为和一个酒鬼发生口角，我和妻子同时被推向了生命的悬崖。

那个酒鬼的刀子先后四次造访了我的腹部，妻子为了护着我，也被那鲁莽而暴力的刀子割破了脖颈，幸运的是，离动脉仅仅相差了2厘米的距离。酒鬼行凶后逃之夭夭，我们倒在地上，已经连呼救的力量也没有了。最后，是邻居救了我们，把我们及时送到了医院。而我的朋友，刚刚还在一起吃饭的朋友，却不见了踪影。甚至，他比那个酒鬼逃得还要迅速。我不指望他为我挡刀子，难道在朋友生命危急的时候，叫一辆救护车来都不行吗？朋友的举动让那个秋天变得异常寒冷。在我心里，他比那个酒鬼更让我耿耿于怀。

他目睹着整个过程，却不肯对我施以援手。包括在我和妻子住院的日子里，他也没有露面。这样的朋友，无疑是对友谊的当头一棒。

我曾看到过作家蒋子龙的一则逸事：

有一年，隆冬的沈阳气温已零下10多度。朋友捎话告诉蒋子龙开了间小书店，想请他去搞“签名售书”。他连夜赶往沈阳，半夜下了火车，接站的人还没从暖被窝里钻出来，他只得在候车室里走着遛着直等到天亮。上午他被安排在一所大学与大学生对话，中午12点多对话还没结束，下午1点又开始售书，紧张得连吃饭的时间也没安排。赶到小书店门口，早已挤满了人，崭新的柜台吱吱呀呀直往后退。小老板兄弟难为情地对他说：“老师，您到外头签行不？我给您搬张桌子，别挤坏了新柜台。”这位“蒋大侠”，凭着“侠气”上了街。到天黑手僵人散方才醒悟：好小子，我蒋子龙不如个柜台值钱！他是该说的都说了，该骂的都骂了，一个冻得“瓷瓷实实”的蒋子龙匆匆离开沈阳，一份永恒的温暖留给朋友，从此小书店日日兴隆。

我想，能得到蒋子龙这样的朋友，该是一生的幸事。

我喜欢这样一种朋友，当你生病的时候，他守在你的病榻边。明知道你吃不了水果，还殷勤地拿起一个苹果仔仔细细地削皮儿，削好后不慌不忙地自己啃起来，嘴里还嘟囔着说：你快好吧，你要是不好，那水果可都让我一个人消灭了。然后你就发现这个苹果真的能让你的病好得很快。

我喜欢这样一种朋友，当你过生日的时候，因为他家境贫寒，买不起礼物送你，就在那个清晨早早起床为你倒了一杯凉开水，他说他没有礼物，但是希望是第一个送你祝福的人。他说他的祝福就像那杯水，纯净透明。

你发现，那杯水，是你一生中收到的最特殊的生日礼物。经过岁月的验证，你们的友谊是最持久最牢固的，正因为它没有半点杂质。

我喜欢这样一种朋友，他似乎不在你的身边，你们几年都不聚一次，吃饭宴请都不在一起，你不记得他的生日，他不在意你的工作变化。可是，你若是有烦恼，首先想到的那个人就是他，当你打了电话去，他就马上来听你讲，你若是有困难，他就会放下自己的事情，全力为你分担……

你无法选择你的出身，但是你可以选择你的朋友。朋友，就是我们自己选择的亲人。

对未来的真正慷慨，是把一切献给现在

今天，我是崭新的，我从不认为我已陈旧、过时，每一天，我都是新的。新人，我取最早的露水，洗自己的脸，而后去镜子中与自己相认。通过一面镜子，我会看到一模一样的自己，只是镜子里的那个自己是冰冷的。

通过别人的眼睛，会看到不一样的自己，甚至，一张脸上的两只眼睛里，都会是不同的。我的内心，有柔软的闪电，也有愤怒的惊雷，这些别人都感受不来，只有自己能看到。

我长了皱纹，我生了白发，但我依然宠爱自己。我是今天的主人，我主宰今天，驾驭今天，今天的分针和秒针转动起来，必然带着芬芳。

看过一部令我陷入思考的美国电影《降临》，它的剧情是：十二个外星“飞船”从天而降，散落在地球十二个不同的地区，这十二个地方没有任何人类已知的关联。各国成立了类似联盟的组织来破解这次外来生物到访的目的。

语言学家露易丝及物理学家伊恩受命负责与美国上空的外来生物进行沟通。外来生物的时间是非线性的，这在一定程度上也体现在他们的图形文字上。

通过与外来生物的沟通，露易丝逐渐理解了外来生物的语言，并获得了预知未来的能力。通过这项能力，露易丝成功地说服了影片中的中国将军，使已经破碎的对外联盟再次联合在一起，最终避免了一场地球与外星生物的战争。

最后，外星生物离开，露易丝跟随着未来的脚步与伊恩在一起，他们未来一定会有一个叫汉娜的可爱的女儿。

与其说它是科幻片，不如说是人性片，影片最感动我的地方是：经过与外星生物的接触，露易丝获得了预知未来的能力，影片开始，露易丝和女儿汉娜的生活片段仿佛是回忆，影片后部才让人发现这是未来。在未来，露易丝同伊恩相爱，有了女儿汉娜。但是女儿最后在青年时患癌去世，伊恩也离开了露易丝。即便知道结局，露易丝还是选择了开始，她向伊恩说："尽管知道整个旅程，知道它通向哪里，我依然倾心接受，拥抱它的每一个时刻。"

未来或许不是最好的安排，但她还是勇敢地选择了接受。

在她与外星生物对话的时候，我觉得，那不过是一个人与自己内心的对话。她是这样总结自己的：会很多种语言，懂得许多交流方式，但最终还是孤身一人。

对于露易丝来说，未来无时无刻不降临在眼前，就像我们每个人都知道生命的最后必将经历死亡，但还是会认认真真地过好每一天。

爱自己，像爱一本心仪的书那样，轻轻地翻阅，认真地思索。自己可以把自己逼到天涯，自己也可以把自己捧上蓝天。顾城说，世上只有一本书就是你，别的书，都是它的注释。

那么，好好地阅读自己吧。别错过任何一个段落，甚至一个词、一个字、一个标点。

别错过任何一缕头发，一根睫毛。

无关过去与未来，今天就是最美的降临。今天，你是独一无二的你，任何人都无法替代。每个人都有权选择自己的生活方式，我们要养成一种平和自由的心态，能够对自己不了解的东西报以宽容，能够对自己不赞同的观点报以理解，能够对自己不喜欢的事情报以尊重。

你可以不具备制造光亮的能力，但请务必保有一颗接纳光亮的心——从今天开始，抱住今天。

在今天种下一棵树，明天我死了，树会替我活着；在今天写一本书，明天我死了，文字会替我活着；在今天生下两个女儿，明天我死了，米花儿和米粒儿会替我活着。

今天，甚好。风来唱歌，雨来吟诗。没有传奇，没有壮举，只有简单的歌里传颂的平庸的幸福。感谢白天照亮了白天，感谢黑夜遮蔽了黑夜，感谢我拥抱了我，拥抱了当下一个个美好的瞬间，不问前程如何，但求落幕无悔。

有时我们需要勇敢一次

我看过一个唯美而伤感的故事：男孩和女孩每天都坐同一辆公交车，他们相识了。但他们从来没有说过一句话，每天只是彼此微笑致意，并特意地找到相邻的座位。他们很羞涩，害怕一开口就被拒绝，彼此把那份喜欢放在心里。有时候男孩在公交车上睡着了，女孩就从他后面伸出手来，遮住阳光，或是把手放在玻璃上，男孩靠过去的时候会是软软的。终于有一天，女孩决定要送男孩一件礼物，她选了一株含羞草，好像自己欲说还休的心事。只是她的礼物男孩收不到了，因为公交车改了路线，男孩换了车，从此他们天各一方，再无交集。

故事虽没有完美结局而显得遗憾，但那女孩默默地为爱付出，回想起来是如此美好。

这个故事让我想起自己的年轻岁月，那是30多年前的一场露天电影，那一天真正的主角，不是幕布里的英雄，而是坐在小板凳上的我，和那个一直暗暗瞧向我的女孩。那天，她给我备好了一个小板凳，而且还带了一个她自己精心缝制的好看的坐垫儿。坐垫儿上的图案是两只鸳鸯……那是每个人都心知肚明的某种暗示。可是，阴差阳错，我自己带了板凳，所以，连带着也没看到那个好看的坐垫儿。

那个年代的爱情就是这样，因为害羞，错过了很多美好的开始。那没有说出口的爱意，消散在剧终后散场的人群里，以及闪亮的星河中，现在想来，仍然弥散着淡淡的芳香。

有人说，现在的人都不再羞涩了，喜欢了就在一起，不喜欢了就分开。很大胆，也很直接，却缺了委婉的美感，可是，我却有幸见证了一段很美的婉约之爱。

我有一个公众号，叫“近朱成玉”。夏日的某一天，在更新了一篇文章之后，收到很多留言，我照例要把一些留言进行精选，于是看到了下面这个留言——

“小青，今天我终于下定了决心和你表白，我非常非常喜欢你，想让你做我的女朋友！以诗歌的名义，别再让我在爱情的背面奔波了，只要你肯，我愿意，陪你一起看遍人世的山水。可以吗？”

留言的人网名叫“仗剑天涯”，是我的读者，关注我很久了，他在微信上给我留了言，向我表达歉意，希望我不要责怪他的唐突，随即向我倾吐了自己的心声。他和小青都是我的读者，很早就关注了“近朱成玉”，也是给我的文章留言最多的两个人。他说他喜欢小青很久了，陷进她的诗歌里，不能自拔，可是一直苦于不敢表白，也不敢加她的微信。小青才华横溢，诗歌写得那么好，而他寂寂无闻，感到自卑，只能默默欣赏。这让他很幸福，也很痛苦，才想起留言这个办法，他知道小青肯定会看我公众号的文章的。他如果利用留言来进行爱的表白，小青就一定会看到，所以就鼓起勇气这么做了，希望我能理解他。

我把这个留言设置为精选留言，这样他的表白便公开化了。我想，他一定非常迫切地期盼着那个叫小青的女子可以读到它，然后给他一个哪怕是只言片语的回复。

可是一连好几天，都不见小青的任何回复，我不免替他担忧起来。我在他的留言下回复说：这是我见过的最美的求爱方式！加油啊！

很多网友也跟着留言，热度一浪高过一浪，可是小青的回复还是迟迟没有出现。

三天过去了，我终于等到了小青。她加了我的微信，说看到了那条留言。她说她这些天一直沉浸在喜悦和忧伤里不能自拔，因为有人喜欢她，她自然是欢喜的，可是她不敢接受那个人的爱，因为她是一个残疾人，右腿因为一次车祸而截肢，只能靠轮椅代步。

她问我该怎么办。她说她本来想去回复他的留言说出实情，可是她担心他知道真相之后会离她而去，那样他们连最基本的朋友都做不成了。

我对她说，不妨说出你的实情，这样总好过凭空猜测。她犹豫了一会儿，最后同意了让我把她的情况如实转告给那个喜欢她的男子。

结局是美好的。“仗剑天涯”和我说，通过她的诗，陆陆续续地能感受到她的不幸，所以，这个情况他大致也猜得差不多，他说他迷恋着她诗歌里那种忧郁的味道，爱屋及乌，他也喜欢她这个真实的人，可以接受她的一切，并且愿意去呵护她。

我把男子的回复告诉了小青，小青半晌无言，最后，回我一句，感恩遇见！

过了一会儿，我看到小青终于在那篇文章下面留言了，我第一时间设置成了精选，他们的爱情终于可以袒露于阳光之下。

她说：“原谅我这株爱的含羞草，因为卑微，惧怕一切光亮和响动，但此刻，我决心要勇敢一次。只要你肯携风而来，我自会为你妖娆起舞。”

那真是无比动情的一刻！还有比这更婉转而美妙的爱的传递吗？

你选择相信什么，就会过上什么样的生活

父亲和我讲过他在工厂上班时候的一件事。

那个时候，还没有公交车，工人们上下班都会骑自行车，也有少数富有一些的骑摩托。工厂的入口处有个大坑，门卫老张是个热心肠的人，总是在上下班的时候守着那个坑，嘴里念念有词：小心点坑啊……最开始人们还感激他，可是时间久了，大家也都知道了那个坑的所在，他却依然每天都会守在那里，提醒大家。这不免就让大家觉得烦了，不就一个坑吗？你就别操心了，我们知道绕着走。他却不听劝告，还是日复一日地重复那一个动作。人们开始纷纷猜测，老张是不是有点“神经”了。

过了几个月，老张就退休了。有一天，父亲骑车上班，没有老张守着那个坑，不留神，车轱辘竟然掉进那个坑里，摔了跟头，门牙都摔掉了一颗，这才念起老张的好来。

老张退休了，可是永远没有退休的，是善的信念。

看《阿甘正传》，心生感动，阿甘的一生都很随性，但他一直听从珍妮告诉他的话：跑！

于是，他奔跑，无论碰到什么，他都不停地奔跑。当他有一双不健全的腿的时候，他没有想过自己会这么擅长奔跑。他跑到橄榄球场上，他跑到越南战场上，他跑到白宫，他跑到密西西比河，他跑遍全国，最终又跑回了阿拉巴马——他美丽的故乡。也是因为“妈妈说过，要往前走，就得先忘掉过去。我想，这就是跑的用意”。

于是，他跑过人生：他的人生，他母亲的人生，他深爱女人的人生，他身边人的人生。他执着的奔跑带来的种种绚烂繁华，最终却只停留在阿拉巴马的一片绿草地上。

他选择平淡和平凡，他无法选择的只是他是一个智障人；

他选择等待和保护，他无法选择的只是他爱的人选择什么样的道路；

他选择执着和坚强，他无法选择的只是命运的不可预知。

他本不应该是个生命的强者，他也一直面对爱情的愚弄，但他奔跑着遗忘过去，宽容地放弃仇恨。他只选择爱。阿甘选择为爱而爱，而不管珍妮如何离去和背叛，如何放纵和乖僻。因为他永远记得昏暗车厢中那个灿烂的微笑，冷漠人群中那颗天使般的心灵，日落树枝上那两个相伴的身影。

阿甘是带着爱的信念奔跑的人。

儿时走过一段回家的夜路，和父亲一起。路太长，我实在走不动了，要赖坐在路边不走了。父亲鼓励我再咬咬牙坚持一会儿，让我坚信自己肯定可以走回家。

父亲捉了几只萤火虫给我，对我说：“你看，黑夜也不那么可怕，毕竟还有这么可爱的东西呢！”我欢喜极了，第一次看见这么可爱的东西，像童话一样，充满梦幻的味道。

有它在前面引路，那一夜走得不再那么累了，直到后半夜，顺利走到了家。

从那以后，我知道了怎样才能让自己的路上永远充满光亮，那就是，把信念的萤火虫带在身上！

人这一生，不是每个人都会成为名人，你无须发出多么耀眼的光芒。你发出的光，可以照亮你前面的路，就够了。